Mitteilungen

aus dem

Maschinen-Laboratorium

der

Kgl. Techn. Hochschule zu Berlin

V. Heft

Über Kondensation, insbesondere für Dampfturbinen
Versuche über die Wärmeübertragung von Dampf an Kühlwasser.
Kesselfeuerungsversuche mit Teeröl

von

E. Josse
Professor, Geh. Reg.-Rat
Vorsteher des Maschinen-Laboratoriums

Mit 137 Textfiguren

München und Berlin
Druck und Verlag von R. Oldenbourg
1913

VORWORT.

Ein großer Teil der im Maschinenlaboratorium seit Erscheinen des vierten Heftes der »Mitteilungen« ausgeführten Versuche ist bereits in verschiedenen Zeitschriften veröffentlicht worden, z. B.

Versuche an Dampfturbinen:	
Bauart Eyermann	Zeitschr. f. d. ges. Turbinenw. 1908.
Bauart A.E.G. 200 KW	dto. 1910/1911.
Bauart Parsons, Brown Boveri	dto. 1909.
Bauart Kienast	dto. 1911.
Bauart Sächs. Maschinenfabrik vorm. R. Hartmann	dto. 1910.
Versuche an einer Mammutpumpe	Zeitschrift d. Ver. deutsch. Ingen.
Versuche über Dampfströmung	Zeitschrift f. d. ges. Turbinenwesen. Zeitschrift d. Ver. deutsch. Ingen.
Versuche mit Strahlapparaten für Kondensationsanlagen und zur Kälteerzeugung	Zeitschrift f. d. ges. Kältewesen. Jahrb. d. Schiffbautechn. Gesellsch.

Andere Versuche, z. B. an einem Dieselmotor, über Dampfströmung, über Labyrinthdichtungen, zur Bestimmung des Ungleichförmigkeitsgrades, an neuartigen Ventilen, Stopfbüchsen und Gelenkkompensatoren etc., sind teils durchgeführt, teils noch in Arbeit und werden in absehbarer Zeit veröffentlicht.

Mit diesem fünften Heft der Mitteilungen werden einige weitere Versuche, die in den letzten Jahren durchgeführt worden sind, und daraus sich ergebende Konstruktionsgrundlagen weiteren Kreisen zugänglich gemacht.

Charlottenburg, im Juni 1913.

Josse.

INHALT.

Über Kondensation, insbesondere für Dampfturbinen.

Inhalt: Die Aufgaben der Kondensation. Einspritz- und Oberflächenkondensation. Einfluß des Vakuums. Wärmetechnische Grundlagen beim Kondensationsvorgange. Spezifische Kühlwassermenge. Wärmeübertragung durch eine Wandung. Versuche über die Wärmedurchgangszahlen. Abhängigkeit der übertragenen Wärmemenge von der Temperaturdifferenz Dampf — Wasser. Einfluß der Luft. Versuche über die Wärmeübergangszahlen Luft — Rohrwand. Notwendigkeit der Luftabkühlung. Luft- und Kondensatpumpen. Raschlaufende Naßluftpumpe. Abhängigkeit des erreichbaren Vakuums von der Leistungsfähigkeit der Luftabsaugevorrichtung. Versuche an der 300 KW-Parsons-Turbinenanlage und an der 200 KW-AEG-Turbinenanlage des Maschinenbau-Laboratoriums. Beispiele von Oberflächenkondensationsanlagen bis zum Jahre 1910. Luftabsaugevorrichtungen durch Strahlwirkung. Strahlluftpumpen. Wasserstrahl. Dampfstrahl. Kombinierter Wasser- und Dampfstrahlapparat. Beispiele ausgeführter Kondensationsanlagen ohne Luftpumpe. Versuche an Anlagen dieser Bauart. Wirtschaftlichkeit der Kondensationsanlagen.

Die günstige thermodynamische Ausnutzung geringer Dampfspannungen durch die Niederdruckstufe der Dampfturbinen hatte zur Folge, daß an die von Kondensationsanlagen der Dampfturbinen erzeugten Luftleeren immer höhere Anforderungen gestellt wurden. Während man bei Dampfmaschinen eine Luftleere von 80 bis 85 v. H. für ausreichend hielt und erst neuerdings auch hier höhere Luftleeren mit Erfolg verwendet (Gleichstrommaschine), fordert man heute bei Dampfturbinen eine Luftleere bis hinauf zu 97 v. H.

Da die vorzugsweise mit Oberflächenkondensation ausgestatteten Dampfturbinen ihrer Natur nach in erster Linie Großkraftmaschinen sind, mithin große stündliche Dampfmengen verarbeiten, so ergeben sich Kondensationsanlagen, deren Raumbedarf im allgemeinen wesentlich über den der eigentlichen Turbinen hinausgeht und deren Anschaffungskosten verhältnismäßig groß sind.

Es war daher von hervorragendem technischem und wirtschaftlichen Wert, die dem Entwurf der Oberflächenkondensationen zugrunde zu legenden technischen Fragen durch Versuche zu klären und zu erörtern, wie weit man die verlangten hohen Luftleeren mit geringerem Aufwand an Raum und Kosten zu befriedigen vermag.

Zu diesem Zweck habe ich seit einigen Jahren an dem Bau von Oberflächenkondensatoren und von Luftabsaugungseinrichtungen mitgewirkt und in Gemeinschaft mit Herrn Dr.-Ing. Gensecke sowie Herrn Dr.-Ing. Hoefer eine Reihe von Versuchen angestellt, welche zur wissenschaftlichen Klärung der in Betracht kommenden Konstruktionsgrundlagen geeignet sind.

Über diese Versuche, die sich daraus ergebenden Berechnungsgrundlagen und Konstruktionen soll nachstehend berichtet werden.

I. Die Aufgaben der Kondensation.

Die Kondensationsanlagen der Dampfkraftmaschinen (Dampfmaschinen und Dampfturbinen) haben den Zweck, den aus den Maschinen austretenden entspannten Arbeitsdampf in einem an das Auspuffrohr angeschlossenen Kondensationsraum niederzuschlagen, um dort eine Luftleere zu erzielen, so daß das in der Maschine ausnutzbare Druckgefälle um die erreichte Luftleere vergrößert wird.

Man unterscheidet bekanntlich zwei im Wesen verschiedene Kondensationsarten: die Einspritz- und die Oberflächenkondensation. Bei der Einspritzkondensation wird das zur Wärmeabfuhr nötige Kühlwasser in den etwa durch Erweiterung des Auspuffrohres gebildeten Kondensationsraum eingespritzt, wobei der Dampf durch Berührung mit dem Wasser niedergeschlagen wird. Bei Oberflächenkondensationen kommt der Dampf mit dem Kühlwasser nicht unmittelbar in Berührung, sondern die Dampfwärme wird durch Oberflächen hindurch an das Kühlwasser übertragen, Kondensat und Kühlwasser bleiben also hier stets getrennt.

Während bei ortfesten Anlagen von Kolbendampfmaschinen fast ausschließlich die einfachere und billigere Einspritzkondensation ausgeführt wird, sehen wir bei Dampfturbinen in den meisten Fällen der Oberflächenkondensation den Vorzug gegeben. Für Schiffe kommt überhaupt nur die Oberflächenkondensation in Betracht, ganz gleichgültig, ob Dampfmaschinen oder Dampfturbinen eingebaut werden, weil man genötigt ist, das den Oberflächenkondensatoren entnommene reine Wasser den Kesseln wieder zuzuführen.

Die Gründe, warum man bei ortfesten Dampfturbinenanlagen, wo das reine Kondensat nicht unbedingt zurückgefördert zu werden braucht, in der großen Mehrzahl ebenfalls der Oberflächenkondensation vor der einfacheren und billigeren Einspritzkondensation den Vorzug gibt, sind in gewissen Vorteilen der ersteren für Dampfturbinenbetrieb zu suchen. Diese Vorteile sind folgende:

1. Die Oberflächenkondensatoren erzielen die für Dampfturbinen nötige hohe Luftleere leichter als die Einspritzkondensatoren;

2. das Kondensat ist ölfrei und daher mit Vorteil zur Kesselspeisung geeignet;

3. die Nachteile, die durch Krustenbildung an den Turbinenschaufeln auftreten, falls bei Verwendung von Wasserreinigern Soda im Überschuß vorhanden ist, fallen fort;

4. die Einspritzkondensatoren bieten für Turbinen eine gewisse Gefahr, da die Möglichkeit besteht, daß bei Unachtsamkeit in der Bedienung oder durch irgendwelche Zufälligkeiten das Kühlwasser bis in die Turbine emporsteigt und Schaufelbrüche hervorruft. Allerdings hat man die Möglichkeit, Einrichtungen zu treffen, welche selbsttätig das Ansteigen des Einspritzwassers bis zur Turbine unmöglich machen.

Bei den großen Einheiten — 12 000 bis 25 000 PS, bei Schiffen noch mehr —, die man heute im Dampfturbinenbau ausführt, ist es selbstverständlich, daß die zugehörigen, für hohe Luftleere zu bauenden Oberflächenkondensatoren bedeutenden Raum erfordern; der Raumbedarf dieser Hilfseinrichtungen ist in der Regel wesentlich größer als derjenige der Turbinen, und insbesondere sind die Herstellungskosten dieser Kondensatoren sehr erheblich. Beispielsweise kostet heute noch die Oberflächenkondensationseinrichtung für Dampfturbinen etwa 25 bis 40 v. H. der Dampfturbinenanlage. Für Schiffe spielt außer dem Raumbedarf auch noch das bedeutende Metall- und Wassergewicht dieser Einrichtungen eine große Rolle.

Es ist deshalb für den Turbinenbau von hervorragender technischer und wirtschaftlicher Bedeutung, die Oberflächenkondensatoren so einzurichten, daß man mit verhältnismäßig kleinen Oberflächen, d. h. mit billigen und leichten Einrichtungen, die Forderungen des Dampfturbinenbaues erfüllt.

Die nachstehend erörterten Versuche, welche den Zweck haben, zur Klärung dieser Fragen beizutragen, sind in dem von mir geleiteten Maschinenbaulaboratorium, auf Schiffen und an ortfesten Anlagen angestellt worden; insbesondere haben wir auch die physikalischen Vorgänge, welche die Grundlagen für den rationellen Bau von Oberflächenkondensatoren bilden, erforscht; auf Grund dieser Studien sind in der Folge unter meiner Mitwirkung Kondensationseinrichtungen von wesentlich höherer Leistungsfähigkeit entworfen worden und in Betrieb gekommen, über die ebenfalls berichtet wird.

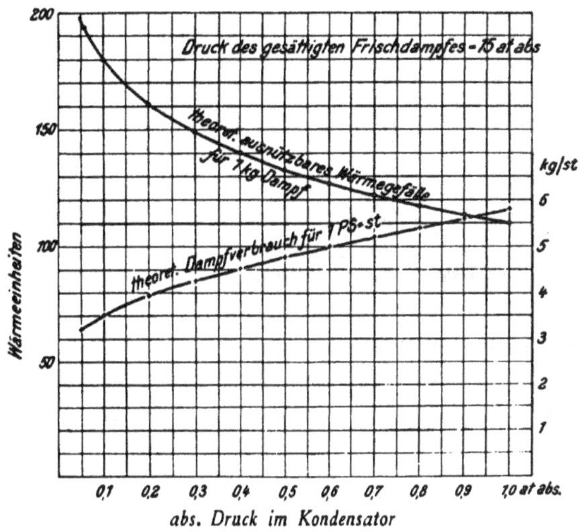

Fig. 1. **Einfluß des Vakuums auf die theoretische Wärmeausnützung.**

Bevor ich auf dieses eigentliche Gebiet übergehe, möchte ich zunächst mit einigen Worten die früheren Anordnungen und die erst durch die Dampfturbinen hervorgerufenen neuen Ansprüche an die Höhe des zu erzielenden Vakuums kennzeichnen.

Der Einfluß des Vakuums auf die theoretische Wärmeausnutzung bei den Dampfkraftmaschinen wird durch Schaubild Fig. 1 veranschaulicht. Als Abszissen sind die absoluten Drücke im Kondensator, als Ordinaten die bei den verschiedenen Kondensatorspannungen von einer Dampfspannung von 15 Atm. abs. herab theoretisch ausnutzbaren Wärmegefälle aufgezeichnet. Man sieht, wie das ausnutzbare Wärmegefälle z. B. zwischen 0,3 und 0,05 Atm. abs. Gegendruck erheblich (um rd. 30 v. H.) anwächst; oder, wenn man die Verhältnisse auf den theoretischen Dampfverbrauch für 1 PS/Std. überträgt, so ergibt sich mit Abnahme des Gegendruckes zunächst eine fast genau lineare Abnahme, bei dem niedrigen Gegendruck zwischen 0,3 und 0,05 Atm. abs. aber ein merklich rascherer Abfall des spezifischen Dampfverbrauches.

Diese theoretischen Verhältnisse gelten zwar ebenso für die Kolbendampfmaschine wie für die Dampfturbine; in Wirklichkeit vermag aber die Dampfturbine das hohe Vakuum weit vollkommener auszunutzen als die Kolbendampfmaschine.

Da bei dem geringen Gegendruck in der Nähe von 0,2 Atm. abs. abwärts das spezifische Volumen des Dampfes ganz gewaltig wächst, reichen für die Aufnahme dieser Volumina die normalen Steuerungsquerschnitte der Kolbenmaschine, die doch nur bis zu einer gewissen Größe ausgeführt werden können, im allgemeinen nicht aus (bei Gleichstrommaschinen liegen die Verhältnisse günstiger). Infolge der durch Steuerung und Rohrleitung veranlaßten unvermeidlichen Strömungswiderstände kommt ein im Kondensator erzeugter sehr geringer Gegendruck von 0,05 Atm. in der gewöhnlichen Kolbenmaschine selbst überhaupt nicht zur Wirkung. Dies ergibt sich deutlich aus Versuchen, welche Verfasser vor einigen Jahren an einer 200-pferdigen Dreifach-Verbundmaschine im Maschinenbaulaboratorium der Technischen Hochschule Charlottenburg ausgeführt hat.[1])

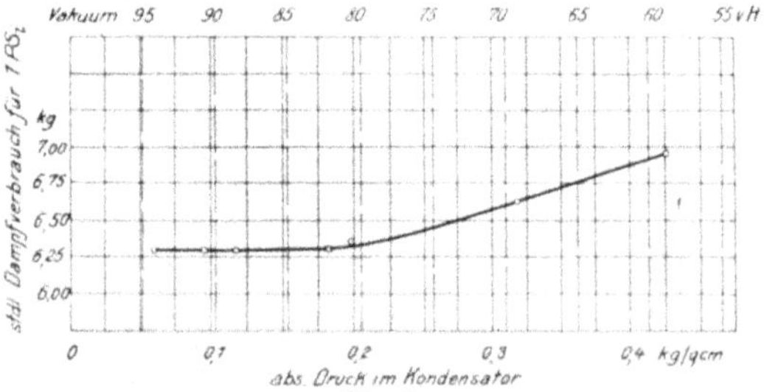

Fig. 2.
Dreifach-Verbundmaschine (gesättigter Dampf).

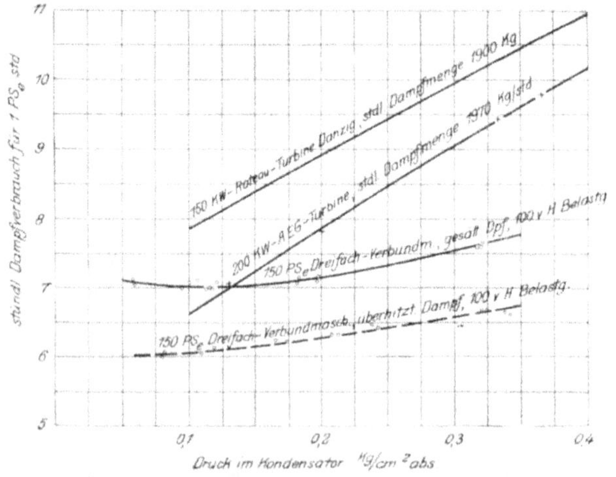

Fig. 3.
Abnahme des Dampfverbrauches mit dem Kondensatordruck bei Dampfturbinen im Vergleich zur Kolbenmaschine.

Man verfolge in Fig. 2 die Abnahme des Dampfverbrauches dieser Kolbenmaschine mit dem Gegendruck bis 0,2 Atm. abs. Von da ab konnte bei der Versuchsmaschine eine weitere Verminderung des Dampfverbrauches durch Erhöhung des Vakuums nicht mehr erzielt werden.

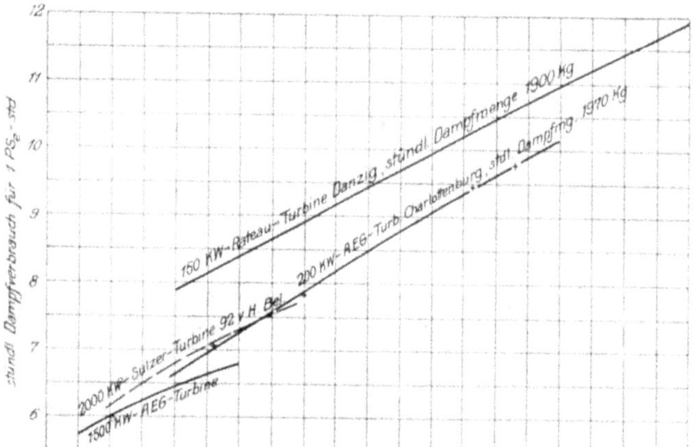

Fig. 4. Abnahme des Dampfverbrauches mit dem Kondensatordruck der Dampfturbinen.

Die Dampfturbinen verhalten sich wesentlich anders. Die Bauart der Dampfturbine eignet sich ganz ausgezeichnet zur Aufnahme gewaltiger Dampfvolumina, und man ist daher hier imstande, die im Kondensator erzeugte hohe Luftleere in der Turbine selbst zur Wirkung zu bringen. Dies hat zur Folge, daß bei den Dampfturbinen eine stetige Abnahme des Dampfverbrauches, und zwar

[1]) Josse, Mitteilungen aus dem Maschinenbaulaboratorium der Königlich Technischen Hochschule Charlottenburg, Heft 4 (R. Oldenbourg, München und Berlin).

rascher als bei der Kolbenmaschine, mit der Verminderung des Gegendruckes zu erzielen ist. Man ersieht dies aus Fig. 3, die erkennen läßt, daß der Dampfverbrauch der Dampfturbinen dauernd und fast linear mit dem Kondensatordruck abnimmt.

Fig. 5.

In Fig. 4 ist das Verhalten von Dampfturbinen verschiedener Bauart bei abnehmendem Gegendruck vergleichsweise nebeneinandergestellt. Wir erkennen überall den fast linearen Verlauf der Dampfverbrauchskurven.

Besonders auffallend ist der Unterschied in der Ausnutzung der Gegenspannung bei der Schiffskolbenmaschine gegenüber der Turbine. Aus dem Diagramm, Fig. 5, des Niederdruckzylinders des Dampfers »Deutschland« ersieht man, daß die zur Verfügung stehende Luftleere von 73 v. H. infolge des großen Spannungsabfalles im Niederdruckzylinder, den man zulassen muß, um nicht zu große Zylinderabmessungen zu erhalten, nur teilweise ausgenutzt wird. Da man nun bei Dampfturbinen einen merkbaren Spannungsabfall nicht zuzulassen braucht, vielmehr die Expansion bis auf die Kondensatorspannung auszunutzen vermag, erzielt man einen erheblichen Gewinn an Arbeitsfläche, der noch wesentlich gesteigert werden kann, wenn man die Luftleere heraufsetzt, beispielsweise bis auf etwa 85 v. H.[1]) In bezug auf die Schiffskolbenmaschine bringt diese Vermehrung der Luftleere günstigstenfalls nur eine sehr geringe Vergrößerung der Arbeitsfläche. Besonders anschaulich werden diese Verhältnisse durch das J-S-Diagramm gemacht (Fig. 6), in welchem das theoretisch ausnutzbare

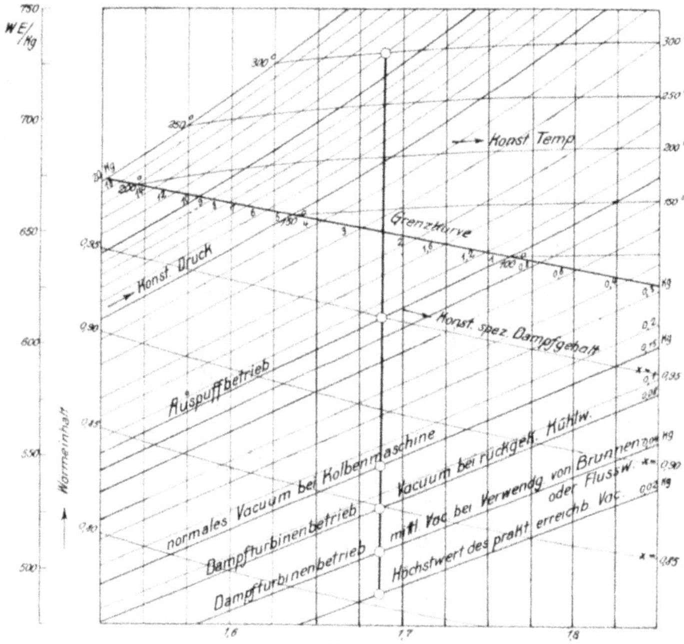

Fig. 6. Theoretisch ausnutzbares Wärmegefälle bei verschiedenen Luftleeren.

[1]) Heute werden auf Schiffen schon 92 v. H. im Kondensator gefordert.

Wärmegefälle für verschiedene Luftleeren eingetragen ist, wobei als Anfangszustand des Dampfes 12 Atm. abs. und 300° C angenommen ist.

Für die Wirtschaftlichkeit der Dampfturbinen ist daher ein geringer Gegendruck im Kondensator unerläßlich, und es trat also an den Konstrukteur die Aufgabe heran, Oberflächenkondensatoren für hohe Luftleere (90 bis 95 v. H.) und von möglichst kleiner Kühlfläche zu schaffen.

Die Erhöhung der Luftleere hat man zunächst durch Vergrößerung der Oberfläche der Kondensatoren zu erreichen gesucht. Man ist darin immer weiter gegangen. Schließlich hat sich herausgestellt, daß man auf diese Weise nicht weiter arbeiten konnte, da der für die Unterbringung der Kondensatoren namentlich auf Schiffen zur Verfügung stehende Raum und das dafür freizumachende Gewicht beschränkt ist. Es ergab sich daher die Notwendigkeit, die Leistungsfähigkeit der Kühlflächen zu erhöhen.

2. Wärmetechnische Grundlagen beim Kondensationsvorgange.

Die Höhe der zu erreichenden Luftleere ist offenbar durch die Temperatur und die Menge des zur Verfügung stehenden Kühlwassers gegeben. Nehmen wir zunächst an, es stände eine unendlich große Kühlwassermenge zur Verfügung, so ist die theoretisch mögliche Luftleere leicht anzugeben. Für verdampfendes oder kondensierendes Wasser besteht zwischen Druck und Temperatur ein eindeutiger Zusammenhang, der durch die Spannungskurve festgelegt ist.

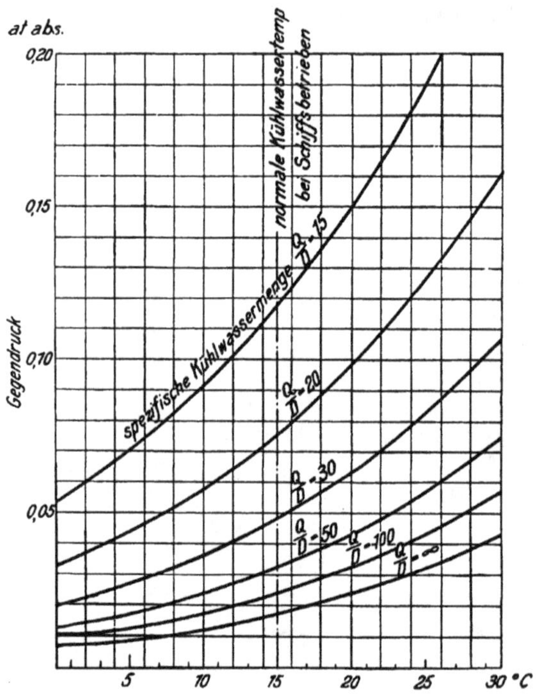

Fig. 7.
Erreichbare Luftleere bei verschiedenen Kühlwassertemperaturen und verschiedenen Kühlwassermengen.

Haben wir beispielsweise Kühlwasser von 15° in unbeschränkter Menge zur Verfügung, so ersehen wir aus der Spannungskurve, daß der absolute Druck, bei dem Wasser bei dieser Temperatur zu kondensieren vermag, 0,017 Atm. abs. ist; die theoretisch mögliche Luftleere würde in diesem Falle also rd. 98 v. H. betragen. Je wärmer das zur Verfügung stehende Kühlwasser ist, desto schlechter muß offenbar die Luftleere sein.

Da uns nur endliche Kühlwassermengen zur Verfügung stehen, so wird sich das Kühlwasser bei dem Kondensationsvorgang um einen endlichen Betrag erwärmen, und für die nunmehr mögliche Luftleere gilt, da ja Wärme stets nur zum kälteren Körper übergehen kann, daß die Temperatur des kondensierenden Dampfes gleich oder höher ist als die des abfließenden Kühlwassers. Die nunmehr theoretisch mögliche Luftleere wird offenbar aus der Spannungskurve zu ermitteln sein, wenn man die Temperatur des abfließenden Kühlwassers als Kondensationstemperatur des Dampfes annimmt. Als Maß der zur Verfügung stehenden Kühlwassermenge gibt man die sogenannte spezifische Kühlwassermenge an, d. h. die Anzahl der für 1 kg Dampf zur Verfügung stehenden Kilogramm Kühlwasser:

$$\text{spez. Kühlwassermenge} = \frac{\text{stündliche Kühlwassermenge}}{\text{stündliche Dampfmenge}}.$$

In Fig. 7 ist der theoretisch erzielbare absolute Gegendruck für verschiedene Eintrittstemperaturen des Kühlwassers und für verschiedene spezifische Kühlwassermengen dargestellt. Betrachten wir die Verhältnisse bei 15° als der bei Turbinenbetrieben häufig zugrunde gelegten Kühlwasserzulauftemperatur, so sehen wir, daß die theoretisch mögliche Luftleere von 98,3 v. H. auf 92,5 v. H. fallen würde, wenn wir statt unendlich großer nur die 20 fache Kühlwassermenge zur Verfügung hätten. Bei ortfesten Anlagen geht man, insbesondere wenn Rückkühlung vorhanden, nicht gern über die 60 fache Kühlwassermenge. Im Schiffsbetrieb arbeitet man allgemein mit größerer spezifischer Kühlwassermenge, da die Beschaffung des Kühlwassers keinerlei Schwierigkeiten macht und auch keinen allzu großen Arbeitsaufwand erfordert; eine spezifische Kühlwassermenge von 50 bis 70 dürfte hier als normal anzusehen sein.

So einfach die Verhältnisse liegen, sobald man die theoretisch mögliche Grenze der zu erreichenden Luftleere zu ermitteln hat, so schwierig werden sie, wenn man der Wirklichkeit voll Rechnung tragen will. Die wirklich erreichbare Luftleere muß offenbar schlechter als die theoretisch ermittelte sein, weil die Wärme vom Dampf durch eine Metallwand hindurch auf das Kühlwasser übertragen werden muß. Damit eine solche Übertragung möglich ist, muß immer ein Wärmegefälle vorhanden sein, d. h. die Temperatur des kondensierenden Dampfes muß stets höher sein als die Temperatur des Kühlwassers an irgendeiner Stelle des Kondensators.

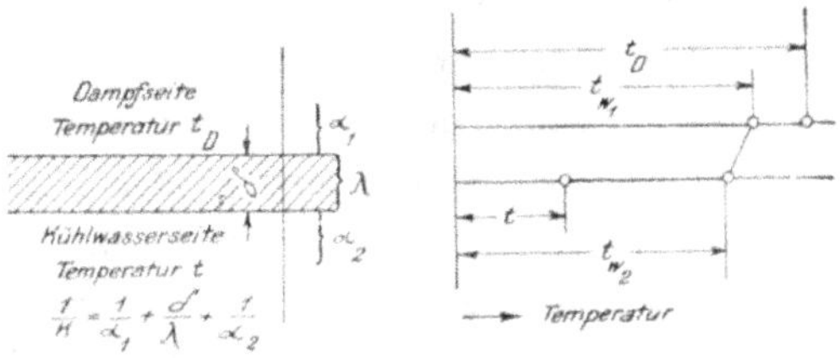

Fig. 8.

Die Verhältnisse der Wärmeübertragung durch eine Wandung hindurch lassen sich folgendermaßen wiedergeben. In Fig. 8 ist eine eben gedachte metallische Wandung von der Dicke δ dargestellt. Auf der einen Seite befindet sich Dampf von der Temperatur t_d, auf der anderen Seite Kühlwasser von der Temperatur t. Da t_d größer ist als t, wird die Wärme durch die Wandung von der Dampfseite auf die Seite des Kühlwassers wandern, dem Dampf wird Wärme entzogen werden, die das Kühlwasser aufnehmen wird. Die Wandungstemperatur sei t_{w1} auf der Dampfseite und t_{w2} auf der Wasserseite. Die auf die Flächeneinheit (1 qm) und auf 1° Temperaturunterschied stündlich übertragene Zahl von Wärmeeinheiten nennt man den Wärmeübergangskoeffizienten. Die Größe dieses Koeffizienten hängt von den Widerständen ab, die bei der Übertragung von Wärme auftreten. Es sei

α_1 die Übergangszahl beim Übergang vom Dampf an die Wandung,

α_2 die Übergangszahl beim Übergang von Wasser an die Wandung,

λ die sogenannte Wärmeleitzahl durch die Wandung.

Die letztere ist von der Art der die Wärme übertragenden Metallwand abhängig und stellt die auf 1 qm Querschnitt bei einer Dicke von 1 m stündlich übertragene Wärme dar.

Die durch die Fläche dF bei einer stündlichen Kühlwassermenge Q in der Stunde übertragene Wärmemenge ist einmal

$$dW = \alpha_1 \cdot dF\,(t_d - t_{w1})$$

andererseits auch

$$dW = \frac{\lambda}{\delta} \cdot dF\,(t_{w1} - t_{w2}),$$

wenn δ die Dicke der Wandung bezeichnet, und

$$dW = \alpha_2 \cdot dF\,(t_{w2} - t).$$

Ist k der Wärmedurchgangskoeffizient vom Dampf an das Kühlwasser, so läßt sich auch schreiben

$$dW = k \cdot dF\,(t_d - t).$$

Durch Vereinigung der vier Gleichungen folgt

$$\frac{1}{k} = \frac{1}{\alpha_1} + \frac{\delta}{\lambda} + \frac{1}{\alpha_2}.$$

Die Formel zeigt, wie sich der gesamte Durchgangskoeffizient k aus den einzelnen Wärmeübergangs- und Leitzahlen ergibt.

Um ein Urteil zu gewinnen, wie der Wärmedurchgangskoeffizient von den verschiedenen Faktoren beeinflußt wird, sind die einzelnen Widerstand- und Leitzahlen näher zu untersuchen. Zunächst betrachten wir den Widerstand beim Durchleiten der Wärme durch die Wandung. In Zahlentafel 1 ist die Wärmeleitzahl für verschiedene Metalle angegeben.

Für Kondensatoren kommt in der Regel als Material der Kühlrohre Messing in Frage, und hierbei beträgt die Wärmeleitzahl 90, d. h. bei 1° Temperaturunterschied und 1 m Blechdicke werden auf 1 qm Fläche stündlich 90 WE. übertragen. Bei der bei Kondensatoren üblichen Wandstärke von 1 mm würden also 90 000 WE bei 1° Temperaturunterschied übertragen werden.

Die zur Bestimmung des Wärmeübergangskoeffizienten von Wandung an Wasser und von Wasserdampf an Wandung vorliegenden Versuche zeigen zum Teil recht beträchtliche Abweichungen. Da es versuchstechnisch am einfachsten ist, den Wärmeübergangskoeffizienten von Wasser und Wand zu bestimmen, so soll zunächst hierauf eingegangen werden. Wenn die Leitzahl für die Durchleitung der Wärme durch die Wandung bekannt ist, so kann man offenbar die Wärmeübergangszahl von Wasser an Wandung dadurch bestimmen, daß man zwei konzentrische Röhren nimmt und durch das Innere sowie durch den Ringraum zwischen dem inneren und dem äußeren Rohr Wasser fließen läßt.

Die übertragene Wärme läßt sich durch Messung der Kühlwassermenge und ihrer Erwärmung leicht feststellen. Es ergibt sich zunächst der gesamte Wärmedurchgangskoeffizient, und da wir auf beiden Seiten Wasser haben, in unserer Formel also $\alpha_1 = \alpha_2$ wird, so läßt sich aus dem gesamten Durchgangskoeffizienten bei bekannter Wärmeleitzahl des Metalles der Wärmeübergangskoeffizient für Wasser an Wandung bestimmen. Hierbei ist allerdings Voraussetzung, daß die Wärmeübertragung unabhängig vom Rohrdurchmesser ist, und daß der Übergangskoeffizient denselben Wert hat, wenn Wärme von der Wandung an das Wasser oder vom Wasser an die Wandung übertragen wird. Neuere Versuche lassen erkennen, daß beide Voraussetzungen nicht genau zutreffen. Für praktische Bedürfnisse genügt es aber vollkommen, mit der gemachten Annäherung zu rechnen.

Tabelle 1.

Wärmeleitzahlen für Metalle.

Es werden durchgeleitet durch		In einer Stunde bei einem Temperaturunterschied von 1° C, einem Durchtrittquerschnitt von 1 qm	
		bei 1 m Dicke	bei 1 mm Dicke
Aluminium	WE	13	13 000
Blei	»	28	28 000
Eisen	»	55	55 000
Kupfer	»	300	300 000
Messing	»	90	90 000
Zink	»	105	105 000
Zinn	»	54	54 000

Versuche über diesen Gegenstand liegen vor; die Ergebnisse sind, wie schon angedeutet, sehr wenig übereinstimmend. In Einklang zu bringen mit neueren Versuchen an Oberflächenkondensatoren sind die Werte von Ser, die in Fig. 9 dargestellt sind. Nach Ser gilt die Annäherungsformel

$$\alpha = 4500 \sqrt{v},$$

wobei v die Geschwindigkeit in m/Sek. ist, mit der das Wasser an den Wandungen entlang fließt. Wir sehen aus der Figur, daß diese Geschwindigkeit die Wärmeübergangszahl in ganz beträchtlichem Maße beeinflußt. Wenn z. B. bei einer Geschwindigkeit von 0,5 m/Sek. rd. 3400 WE. übertragen werden, so ist man in der Lage, unter gleichen Verhältnissen 5000 WE. zu übertragen, wenn man die Geschwindigkeit auf 1,2 m/Sek. steigert.

Nachdem die Wärmeleitzahl durch das Metall und die Wärmeübergangszahl von Wasser an Wandung bekannt sind, ist es möglich, die Wärmeübergangszahl von Dampf an Wandung zu bestimmen. In der Literatur wird dieser Koeffizient mit 10 000 angegeben; nach unseren Versuchen an Kondensatoren erscheint aber dieser Wert viel zu klein. Bereits Versuche von Ser lassen darauf schließen, daß ein wesentlich höherer Wert anzunehmen ist.

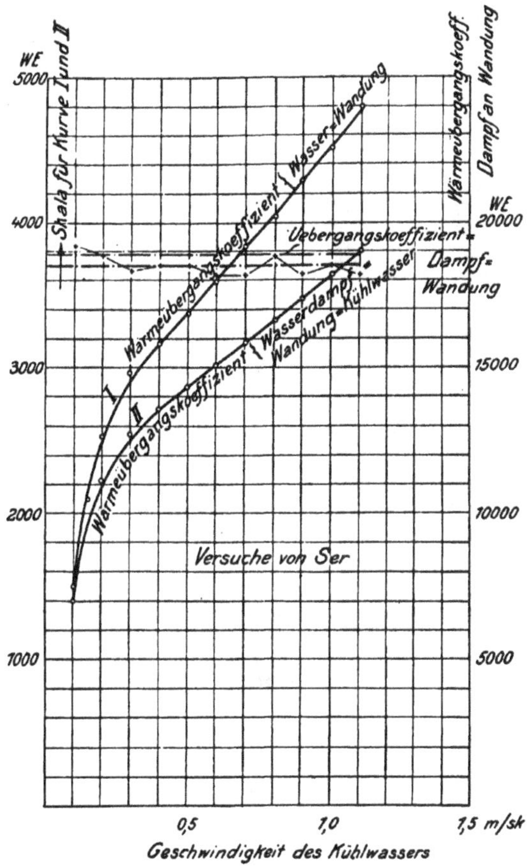

Fig. 9.
Versuche über Wärmeübergang.

Eine Berechnung nach Versuchen von Ser ergibt den Wert zu etwa 19 000. Zweifellos hat man es bei dem Wärmeübergang vom Wasserdampf an die Wandung nicht mit einer konstanten Zahl zu tun, vielmehr wird auch bei Wasserdampf die Übergangszahl von der Geschwindigkeit abhängen, mit welcher der Dampf an der Wandung entlang strömt. Ferner wird auch die Dichte des Dampfes einen Einfluß auf die Wärmeübertragung haben. Neuere Versuche deuten darauf hin, daß der Wärmeübergangskoeffizient von Wasserdampf an Wandung um so geringer ist, je geringer die Dichte des Dampfes, d. h. je niedriger der Dampfdruck ist. Klärende Versuche über den

Einfluß der Geschwindigkeit bestehen noch nicht, für die Beurteilung der Verhältnisse bei Kondensatoren ist dies jedoch ziemlich belanglos, wie sich sogleich ergeben wird. Nehmen wir an, in einem Oberflächenkondensator soll die Wärme des Dampfes durch Messingrohre mit 1 mm starker Wandung an das Kühlwasser übertragen werden. Das Kühlwasser fließe mit 0,5 m/Sek. Geschwindigkeit durch die Röhren. Der Wärmedurchgangskoeffizient ergibt sich dann aus der Gleichung

$$\frac{1}{k} = \frac{1}{19000} + \frac{1}{90000} + \frac{1}{3180}$$

zu $k = 2640$. Man ersieht sofort, daß die Übergangszahl Wasser an Wandung bei weitem den größten Einfluß auf den gesamten Durchgangskoeffizienten hat. Gelänge es uns z. B., durch bessere Dampfführung den Wert der Übergangszahl von Dampf an Wandung von 19000 auf das Doppelte, 38000, zu erhöhen, so würde der Wert des Durchgangskoeffizienten von 2640 auf 2840 steigen, sich also nur ganz unwesentlich verbessern. Steigert man dagegen die Kühlwassergeschwindigkeit von 0,5 m/Sek. auf 1,2 m/Sek., so erhöht sich der Durchgangskoeffizient von 2640 auf 4530, also ganz beträchtlich. Der Widerstand beim Durchleiten der Wärme durch die Wandung ist verschwindend klein. Es ist also z. B. gleichgültig, ob die Wandstärke 1 oder 2 mm beträgt.

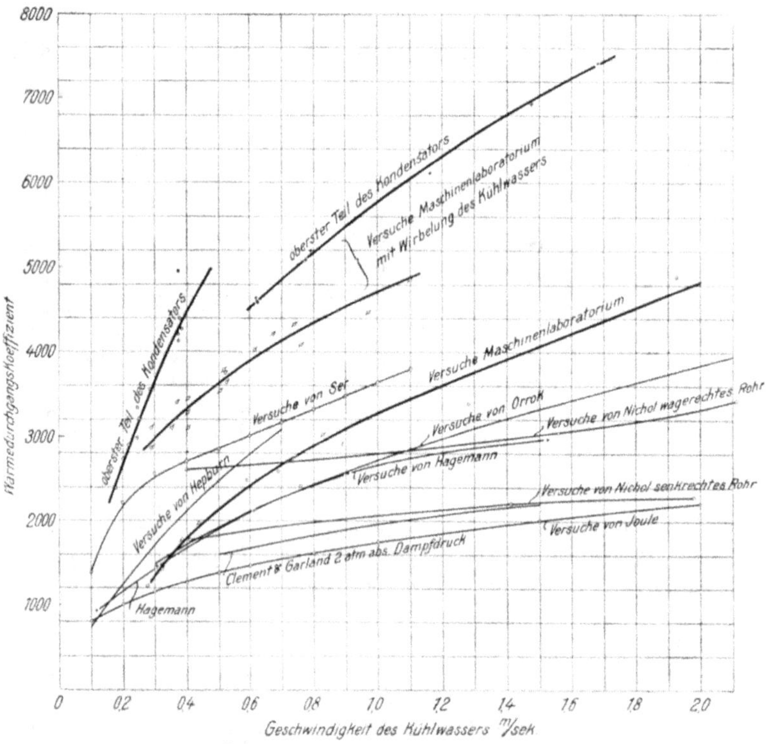

Fig. 10. Ältere und neuere Versuche über Wärmedurchgang.

Aus der Betrachtung ist die Erkenntnis gewonnen, daß die Höhe der Wärmedurchgangszahl im wesentlichen nur von der Kühlwasserbewegung abhängig ist, daß es also bei dem Kondensationsvorgang weniger auf die Dampfführung als auf die Kühlwasserführung ankommt. Alle die Anordnungen, die eine gute Wärmeübertragung auf Grund einer guten Dampfführung anstreben, dürften daher wenig Sinn haben, im Gegenteil schädlich wirken, da der Strömungswiderstand im Kondensator steigt und daher nicht in allen Teilen des Kondensators der gleiche Unterdruck herrscht.

In Fig. 10 sind die auf Grund zahlreicher Versuche bestimmten Wärmedurchgangskoeffizienten bei verschiedenen Kühlwassergeschwindigkeiten dargestellt. Die stark ausgezogenen Werte sind von uns durch Versuche an ausgeführten Kondensatoren gewonnen worden. Man sieht, wie sehr sich die Wärmeübertragung mit steigender Geschwindigkeit des Kühlwassers verbessert.

Daß auch Wirbelung des Kühlwassers eine bedeutende Wirkung erzielen kann, zeigen die Ergebnisse von Versuchen, bei denen die Kondensatorröhren mit Wirbelstreifen versehen waren; z. B. ließ sich bei 1 m Geschwindigkeit der Wärmedurchgangskoeffizient durch die Anwendung von Wirbelstreifen von 3000 auf 4500 erhöhen.

In Fig. 10 sind auch die Ergebnisse von Messungen eingetragen, die früher mit physikalischen Versuchseinrichtungen gewonnen worden sind. Man sieht, wie wenig Einheitlichkeit in diesen Ergebnissen zu finden ist. Die Versuche von Ser, Hepburn, Orrok und von Hagemann nähern sich den wirklichen Verhältnissen, wie sie bei Kondensatoren tatsächlich auftreten und die schon früher bei den Versuchen im Maschinenbaulaboratorium Charlottenburg festgestellt worden sind.

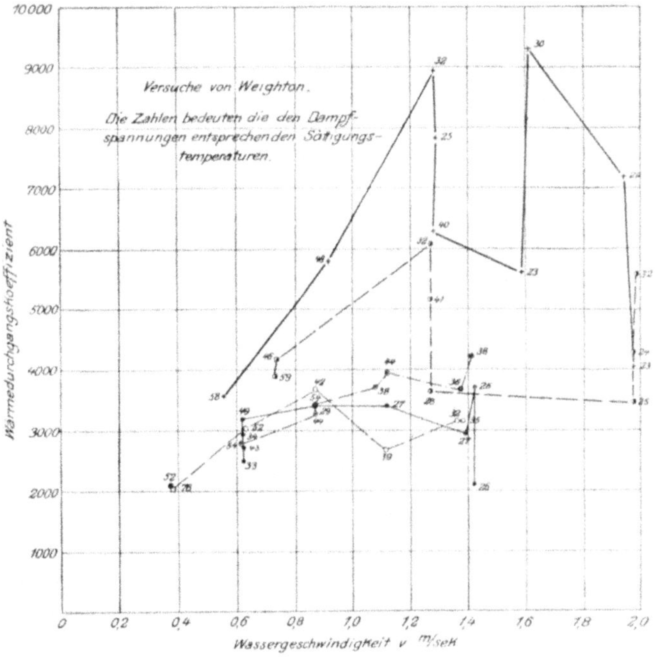

Fig. 11. Versuche von Weighton über Wärmedurchgang.

An einem Beispiel sei gezeigt, wie schwierig die richtige Messung von Wärmedurchgangszahlen ist, wenn der Dampf eine geringere als die Atmosphärenspannung hat. In Fig. 11 sind die Versuchswerte von Weighton aufgetragen, und man erkennt, daß eine Gesetzmäßigkeit überhaupt nicht vorhanden ist. Die einzelnen Versuchsreihen, bei welchen verschiedenartige Absaugevorrichtungen benutzt wurden, sind durch Linienzüge kenntlich gemacht. Die Zahlen bei den Versuchspunkten geben die den Spannungen entsprechenden Sättigungstemperaturen an.

Nachdem die Wärmedurchgangszahl festgelegt ist, erscheint die Berechnung des Kondensators leicht. Wir haben die auf 1° Temperaturunterschied und 1 qm Kühlfläche übertragene Wärme, können also bei gegebenen Kühlwasser- und Dampftemperaturen die Kühlfläche bestimmen, die nötig ist, um eine bestimmte Wärmemenge zu übertragen. Zunächst wäre jedoch noch festzustellen, welche Abhängigkeit zwischen Temperaturunterschied und Wärmeübertragung besteht. Teilweise findet man die Ansicht vertreten, daß der Wärmeübergang einfach proportional dem Temperaturunterschied ist; an anderer Stelle wird behauptet, die übertragene Wärme wachse mit dem Quadrat des Temperaturunterschiedes.

Über diese Frage sind ebenfalls im Maschinenbaulaboratorium Versuche angestellt worden, die zur Klärung geeignet sind. An einem im praktischen Betrieb befindlichen Kondensator wurde festgestellt, nach welchem Gesetz die Temperatur des Kühlwassers im Kondensator zunimmt. Die Messung geschah in der Weise, daß durch lange, in den Kühlwasserröhren verschiebbare Thermoelemente an den verschiedenen Stellen die Kühlwassertemperatur und daraus die Wärmeaufnahme bestimmt wurde.

Eine einfache theoretische Betrachtung zeigt, daß die Kühlwassertemperatur nach einer Exponentialfunktion ansteigt, wenn der Wärmeübergang linear mit dem Temperaturunterschiede zunimmt. In Fig. 12 ist diese theoretische Kurve 1 verzeichnet worden. Die durch Versuch erhaltenen Temperaturen sind ebenfalls eingetragen, und man erkennt eine sehr gute Übereinstimmung von Versuchs- und Rechnungswerten. Änderte sich die übertragene Wärme proportional mit dem Quadrat des Temperaturunterschiedes, wie dies noch von Weiß angegeben wird, so müßte die Kühlwassertemperatur nach Kurve 2, also in einem anderen, von dem ersten stark abweichenden Gesetz ansteigen.

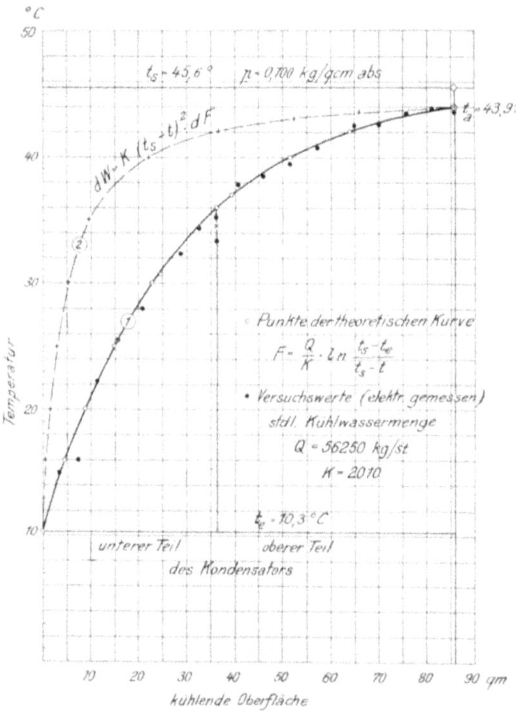

Fig. 12.

Nach Ausführung dieser Versuche wurden Versuche von Orrok bekannt, welche zu einem anderen Ergebnis führen. Orrok findet, daß die Wärmeübertragung der $\frac{7}{8}$-Potenz der Temperaturdifferenz zwischen Dampf und Kühlwasser proportional ist. Aus diesem Grunde sind später auf meine Veranlassung weitere Versuche im Maschinenbaulaboratorium vorgenommen worden, welche zur Klärung der Frage dienen sollten. Über diese Versuche wird im Anhang hierzu ausführlich berichtet. Als Resultat sei vorweg genommen, daß in der Tat die Wärmeübertragung in den meisten Fällen nicht der Temperaturdifferenz einfach proportional ist, vielmehr ist die Wärmeübertragung einer Potenz der Temperaturdifferenz proportional, die einerseits von der Wassergeschwindigkeit, anderseits von der Höhe der Temperaturdifferenz selbst abhängig ist. Das Ergebnis des oben angeführten Versuches ist aber bestätigt worden, da dieser Versuch zufällig unter Verhältnissen vorgenommen wurde, bei welchen gerade Proportionalität besteht. Es sei hier ausdrücklich darauf hingewiesen, daß sämtliche in den Fig. 9, 10 u. 11 enthaltenen Wärmedurchgangskoeffizienten unter der Annahme berechnet sind, daß die Wärmeübertragung der Temperaturdifferenz zwischen Dampf und Wasser einfach proportional ist.

Es scheinen nunmehr alle Grundlagen gegeben zu sein, um einen Kondensator im voraus mit genügender Genauigkeit berechnen zu können. Dies wäre in der Tat möglich, wenn der Kondensator nur die Aufgabe hätte, Wasserdampf niederzuschlagen. Nun gelangt aber stets in mehr oder weniger großen Mengen mit dem Wasserdampf auch Luft in den Kondensator. Luft und Dampf haben zunächst gleiche Temperaturen, etwa die der Kondensatorspannung entsprechende Sättigungstemperatur, und der Kondensator hat daher auch die Aufgabe, die hineingelangte Luft um einen gewissen Betrag abzukühlen.

Untersuchen wir zunächst die Frage, warum und wie weit die Luft abgekühlt werden muß. Wir haben im Kondensator ein Gemisch von Wasserdampf und Luft unter einem bestimmten Druck. Für diesen Fall ist nach dem bekannten Gesetz von Dalton der Druck des Gemisches gleich der Summe der Drucke der einzelnen Bestandteile (Gesamtdruck gleich Summe der Teildrucke). Für den Kondensator gilt also: Druck im Kondensator = Druck des Dampfes + Druck der Luft.

Die in den Kondensator eingetretene Luftmenge muß durch die Luftpumpe angesaugt und bis auf atmosphärische Spannung verdichtet werden. Wollte man die Luft mit der dem Kondensatordruck entsprechenden Temperatur absaugen, so würde der Teildruck des Dampfes gleich dem Kondensatordruck werden, der Teildruck der Luft daher = 0 sein, d. h. die in den Kondensator eintretende Luftmenge würde, da unter einem Druck 0 stehend, ein unendlich großes Volumen einnehmen, und die Luftpumpe hätte ein unendlich großes Volumen zu fördern. Da die Pumpe selbstverständlich nur endliche Volumina fördern kann, muß der Teildruck der Luft größer als Null sein, d. h. die Temperatur an der Luftabsaugestelle muß kleiner als die der Kondensatorspannung entsprechende Sättigungstemperatur sein.

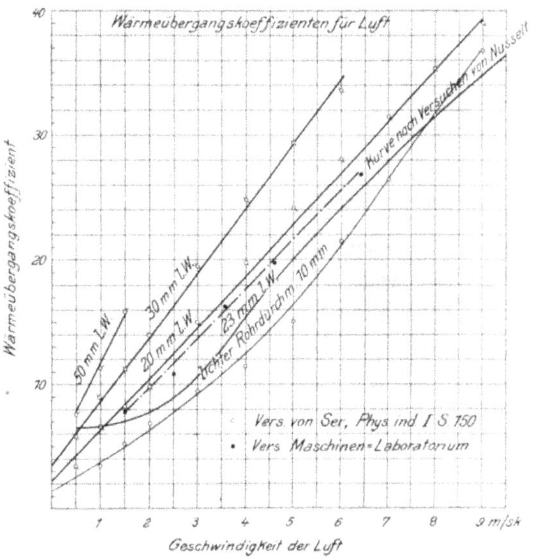

Fig. 13.

Wie weit die Luft im gegebenen Falle abzukühlen ist, muß einer besonderen Betrachtung vorbehalten bleiben.

Der Kondensator hat also außer dem Dampf auch der Luft Wärme zu entziehen. Während wir oben gesehen haben, daß der Wärmeübergang von Dampf an die Wandung sehr gut ist, ist Luft als guter Wärmeisolator bekannt, d. h. die Wärmeübertragung von der Luft an die Wandung ist sehr schlecht. Beträgt der Wärmeübergangskoeffizient von Dampf an Wandung etwa 20 000, so haben wir es beim Übergang von Luft an Wandung mit Werten zu tun, die etwa die Größenordnung von 10 haben.

In Fig. 13 sind Versuchsergebnisse des schon mehrfach erwähnten Franzosen Ser und neuere im Maschinenbaulaboratorium angestellte Versuche veranschaulicht. Auch eine Kurve, die aus Versuchen von Nusselt gewonnen ist, ist in das Schaubild eingetragen. Die Übergangszahlen sind dargestellt in ihrer Abhängigkeit von der Geschwindigkeit, mit der die Luft an der Wandung entlang strömt; man sieht, wie die Übergangszahl wieder von der Geschwindigkeit beeinflußt wird. Die Versuche im Maschinenbaulaboratorium stimmen mit den später ausgeführten Versuchen von Nusselt ausgezeichnet überein.

Die Versuche von Ser wurden mit Rohren von verschiedenem Durchmesser ausgeführt, und sie hatten bei größerem Durchmesser der Rohre bessere Ergebnisse. Die mitgeteilten Versuchsergebnisse und die weiteren Angaben reichen nicht aus, um dieses eigentümliche Verhalten zu erklären. Ser stellte für den Wärmeübergang aus seinen Versuchen die empirische Formel auf:

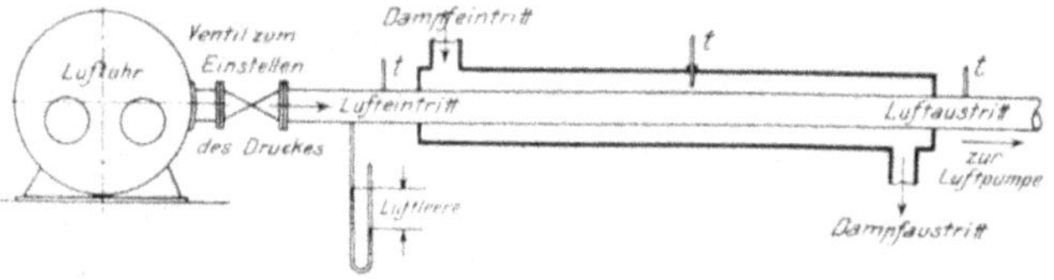

Fig. 14. **Versuchsanordnung.**

$$k = 2 + 10\sqrt{v},$$

worin v die Luftgeschwindigkeit in m/Sek. bezeichnet.

Bei den früheren Versuchen zur Bestimmung der Wärmeübergangszahlen für Luft ist der Zustand der Luft unbeachtet geblieben. Man arbeitete mit Luft von atmosphärischem Druck. Für diese Dichte der Luft gelten die in Fig. 13 angegebenen Werte. Es ist aber anzunehmen, daß auch die Dichte der Luft die auf die Flächeneinheit übertragene Wärme beeinflussen wird. Es ist ja allgemein bekannt, daß der absolut luftleere Raum ein vollkommener Isolator für die Durchleitung der Wärme ist.

Bei Dampfturbinenkondensatoren steht nun die Luft unter einem Druck, der ziemlich nahe bei absolut Null liegt. Die auf die Flächeneinheit übertragene Wärme wird also jedenfalls viel geringer sein als die, welche aus der für atmosphärischen Druck geltenden Formel von Ser errechnet wird.

Um über diese Verhältnisse Klarheit zu erhalten, wurden im Maschinenbaulaboratorium Versuche bei verschiedenen Drucken der Luft angestellt. Die Versuchseinrichtung ist in Fig. 14 dargestellt. Durch ein Rohr von 23 mm innerem Durchmesser und 1320 mm Länge, das in einem Dampfbade von 100° C eingeschlossen war, wurde Luft durch eine Luftpumpe abgesaugt. Das

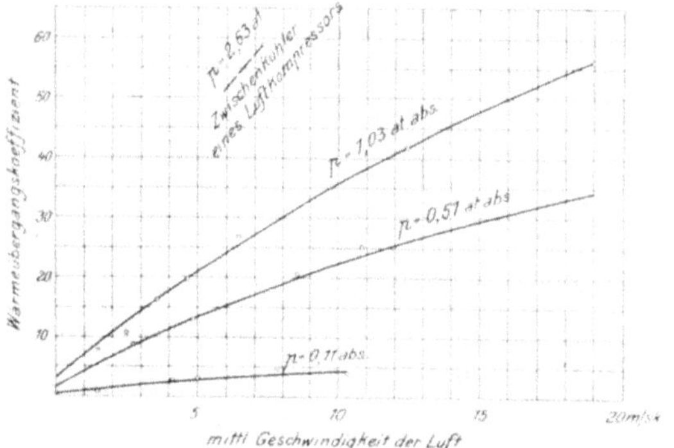

Fig. 15. **Wärmeübergangszahlen für Luft.**

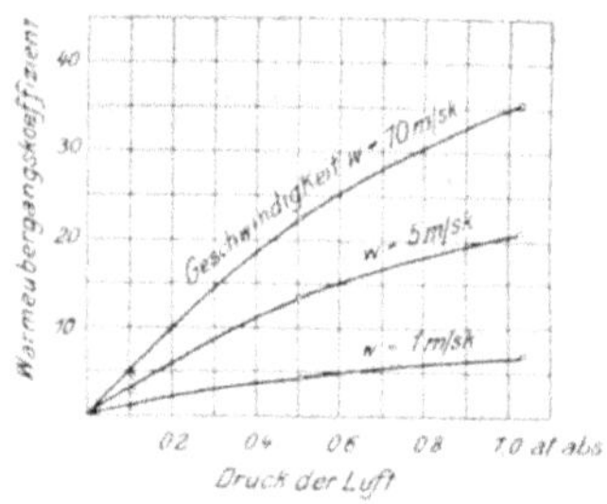

Fig. 16. **Wärmeübergangszahlen für Luft.**

Volumen der abgesaugten Luft wurde durch eine Luftuhr bestimmt. Der Luftdruck wurde durch ein vor das Versuchsrohr geschaltetes Ventil nach Belieben eingestellt und durch eine Quecksilbersäule gemessen. Die Temperatur der Luft wurde beim Eintritt und beim Austritt gemessen, und die Wärmeübertragung von dem Dampf durch die Rohrwandungen hindurch an die Luft wurde aus dem Gewicht und der Erwärmung der Luft festgestellt. Die Ergebnisse sind in Tabelle 2 und in Fig. 15 und 16 dargestellt. Man sieht, wie niedrig die Werte werden, wenn man 0,1 Atm. Druck, d. h. etwa 90 v. H. Luftleere hat. Die Größe der Wärmeübergangszahl ist jetzt etwa 1 bis 5 (je nach der Geschwindigkeit). Man wird also bei 5 m/Sek. Geschwindigkeit mit einem Koeffizienten von etwa 3 rechnen müssen. Der Übergangskoeffizient von Luft an Wandung ist gegenüber dem anderen Koeffizienten so klein, daß der gesamte Durchgangskoeffizient dem Übergangskoeffizienten von Luft an Wandung gleichzusetzen ist.

Die Versuche von Nußelt wurden bei verschiedenen Spannungen von 1,15 bis zu 16 Atm. abs. und bei verschiedenen Geschwindigkeiten ausgeführt. Die von ihm gewonnenen Werte der Wärmeübergangszahl sind in Fig. 17 in Abhängigkeit von der Geschwindigkeit dargestellt. Auf Grund der Versuchswerte findet Nußelt die rechnerische Beziehung

$$\alpha = 5{,}772\,(v \cdot \varrho)^{0{,}786}.$$

Hierin ist v die Geschwindigkeit und ϱ die Dichte der Luft.

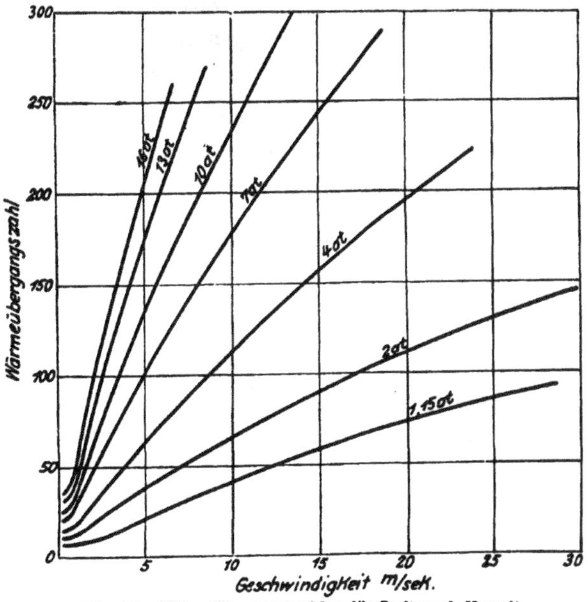

Fig. 17. Wärmeübergangszahlen für Luft nach Nusselt.

Während bei dem Niederschlagen des Wasserdampfes nur die Kühlwasserbewegung für den Wärmedurchgang ausschlaggebend ist, kehren sich die Verhältnisse in dem Teile des Kondensators um, in welchem die Luft abgekühlt wird. Hier ist es gleichgültig, mit

Tabelle 2.

Wärmeübergangskoeffizienten für Luft.

(Versuche im Maschinenbaulaboratorium der kgl. Technischen Hochschule Charlottenburg.)

Länge des Rohres 1320 mm; lichte Weite des Rohres 23 mm; lichter Querschnitt des Rohres $\frac{4{,}15\ \text{qm}}{10\,000}$; luftberührte Oberfläche 0,0954 qm; c_p = 0,238 WE/kg.

Nr. des Versuches	1	2	3	4	5	6	7	8	9	10	11	12	13	14	15	16	17
Abs. Druck der Luft . . Atm. abs.	1,034	1,034	1,034	1,034	1,034	1,034	1,034	0,515	0,515	0,512	0,510	0,515	0,106	0,104	0,106	0,106	0,106
Dampftemperatur . . . °C	100	100	100	100	100	100	100	100	100	100	100	100	100	100	100	100	100
Temperatur d. Luft beim Eintritt . . . . . . »	16,7	16,9	18,4	19,7	20,3	21,1	19,7	19,7	19,5	19,6	20,0	20,0	26,9	30,2	30,5	32,5	36,5
Temperatur d. Luft beim Austritt . . . . . . »	58,8	62,5	69,0	71,5	73,5	71,6	77,3	65,3	74,0	75,5	79,2	83,9	72,0	84,3	84,4	87,1	84,5
Mittlere Temperatur . . »	38	40	44	46	47	46	48,5	42,5	47	47,5	49,6	52	50	57	58	60	61
Stündliches Luftgewicht kg/Std.	32,20	20,95	11,08	7,59	5,86	4,16	2,46	15,54	8,89	6,95	3,95	2,19	1,726	1,250	0,812	0,665	0,239
» Luftvolumen cbm/Std.	28,30	18,60	9,93	6,86	5,30	3,76	2,24	27,90	16,20	12,75	7,31	4,04	15,38	11,60	7,42	6,09	2,20
Mittlere Geschwindigkeit der Luft . . . . . m/sec	18,96	12,46	6,43	4,60	3,55	2,52	1,50	18,70	10,85	8,54	4,89	2,71	10,30	7,77	4,97	4,08	1,47
Stündlich übertragene Wärmemenge . . . WE/Std.	323	228	133,4	93,50	74,20	50,00	33,70	168,6	115,5	92,30	55,70	33,20	18,50	16,11	10,40	8,65	2,73
Wärmedurchgangskoeffizient	56,3	41,8	26,9	19,6	16,1	10,6	7,78	32,6	25,2	20,6	13,3	8,73	4,13	4,66	3,03	2,76	0,84

welcher Geschwindigkeit das Kühlwasser fließt, hier kommt es nur darauf an, die Luft in geeigneter Weise zu bewegen. Will man also die Luftabkühlung verbessern, so muß man ihr durch richtig bemessene Durchströmquerschnitte große Geschwindigkeit geben. Hierin ist aber bald eine Grenze gezogen durch den entstehenden Strömungswiderstand, der bei Kondensatoren für hohe Luftleere nur in geringer Höhe zulässig ist. Daß in der Tat für die Abkühlung der Luft große Oberflächen des Kondensators herangezogen werden müssen, sobald beträchtliche Luftmengen eindringen, ließ sich durch Versuche nachweisen. Fig. 12, S. 12, stellt die Zunahme der Kühlwassertemperatur, d. h. die übertragene Wärme dar für einen Fall, in dem nur verschwindend kleine Luftmengen in den Kondensator eintraten. Wir sehen aus dem Verlauf der Kühlwassertemperatur, daß im ganzen Kondensator die Wärme mit der konstanten Durchgangszahl 2010 übertragen wurde. Tritt nun die Luft in erheblichen Mengen in den Kondensator ein, so ergeben sich ganz andere Verhältnisse. In Fig. 18 sind zwei Versuche mit kleinerer und größerer Luftmenge zusammengestellt. Als Abszissen sind wieder die Längen der Rohre, also die Kühlflächen, aufgetragen worden, als Ordinaten die Kühlwassertemperaturen. Im Gegensatz zu Fig. 12 sehen wir jetzt, daß im ersten Teil des Kondensators die Kühlwassertemperatur konstant bleibt, also merkliche Wärmemengen nicht aufgenommen werden. Dieser erste Teil des Kondensators dient dazu, die Luft abzukühlen, und es wird ein ziemlich erheblicher Teil der Gesamtfläche nötig, um die ganz geringfügige Wärmemenge für die Abkühlung der Luft zu übertragen. Beim zweiten Versuch mit 9,6 kg/Std. Luftmenge gehen etwa 40 v. H. der gesamten Kühlfläche, die für die Luftkühlung in Anspruch genommen werden, für den eigentlichen Kondensationsvorgang verloren; die unmittelbare Folge ist natürlich eine Verschlechterung der Luftleere.

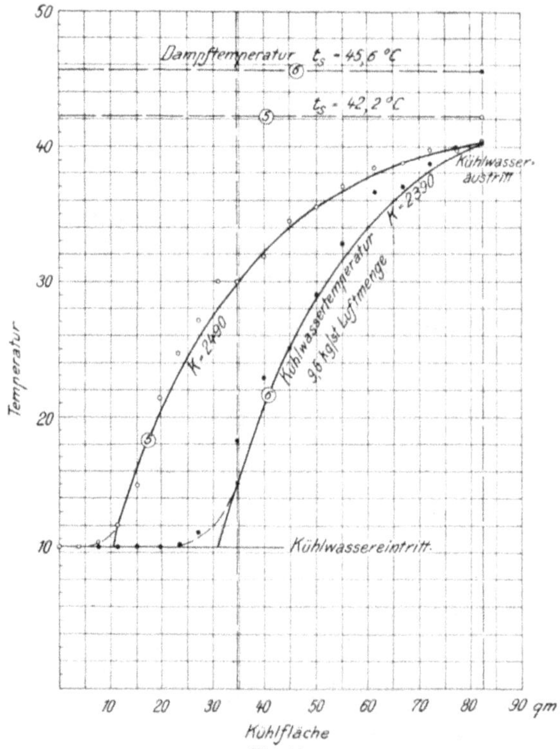

Fig. 18.

Wir erkennen jetzt die Schwierigkeiten, die sich einer genauen Vorausberechnung eines Kondensators entgegenstellen. Wir haben festgestellt, daß in den verschiedenen Teilen des Kondensators die Wärme mit verschiedenen Wärmedurchgangszahlen übertragen wird. Um die Verhältnisse bei der Abkühlung der Luft berücksichtigen zu können, müßte man zunächst die in den Kondensator eintretende Luftmenge kennen. Weiter müßten auch die Eigenschaften der Luftpumpe bekannt sein, da, wie später erörtert werden soll, das Fördervolumen der Pumpe einen Einfluß auf die Größe der erforderlichen Luftkühlung hat.

Man wird sich also bei Berechnungen an im praktischen Betrieb erhaltene Erfahrungszahlen halten müssen, die mittleren Verhältnissen Rechnung tragen. Durch geeignete konstruktive Maßnahmen, die weiter unten besprochen werden, lassen sich die Verhältnisse wesentlich verbessern, wie ausgeführte Anlagen beweisen.

Die in den Kondensator eintretende Luft verschlechtert somit stets den Wirkungsgrad des Kondensators, d. h. die Luftleere, und die Verschlechterung wird um so fühlbarer, mit je höherer Luftleere man arbeitet. Es ist daher zweckmäßig, etwas näher auf die bei Dampfturbinen zu erwartende Luftmenge einzugehen.

Durch die Entwicklung des Dampfturbinenbetriebes wurde eine Erhöhung der Luftleere nötig, die Verhältnisse gestalteten sich also schwieriger. Günstig ist es jedoch, daß man bei Dampfturbinenbetrieben die Luftmenge viel geringer als bei Kolbendampfmaschinen halten kann. Der in der Luftleere arbeitende Niederdruckzylinder bietet der Luft sehr viele Stellen zum Eindringen (Stopfbüchsen), und man ist nicht in der Lage, das Eindringen der Luft sofort von außen zu erkennen und zu verhindern. Bei Dampfturbinen kann Luft in das Innere der Turbine im allgemeinen nur an den Stellen gelangen, wo die Welle aus dem Gehäuse heraustritt. Bei Landanlagen hat man also meist zwei Stopfbüchsen gegen das Eindringen von Luft zu schützen. Die Stopfbüchsen haben fast stets Labyrinthdichtungen, und der Eintritt der Luft wird in den meisten Fällen durch Sperren mit Dampf, bisweilen auch mit Wasser oder Öl verhindert. Man gibt zweckmäßig so viel Sperrdampf auf die Stopfbüchse, daß etwas nach außen entweicht, und man ist dann sicher, daß keine Luft eintreten kann. Der Verlust durch den für Arbeitsleistung verlorenen Sperrdampf ist stets unvergleichlich geringer als die beim Eintreten von Luft durch Verschlechterung der Luftleere hervorgerufene Einbuße an Leistung. Der Lufteintritt kann also bei den Dampfturbinenanlagen fast völlig verhindert werden. Ist bei Schiffsbetrieben infolge der Konstruktion der Schiffsturbinen eine größere Zahl Stopfbüchsen dicht zu halten, so wird die Handhabung etwas umständlicher, und es wird in diesem Fall angebracht sein, den Druck des Sperrdampfes selbsttätig zu regeln.

Weitere Möglichkeiten für das Eindringen von Luft bietet eine in schlechtem Zustand befindliche oder schlecht konstruierte Anlage der Kesselspeisepumpen. Ist z. B. die Saugleitung undicht, oder ist man genötigt, die Schnüffelventile zu öffnen, damit die Pumpen ruhig arbeiten, so können erhebliche Luftmengen mit dem Speisewasser angesaugt und in den Kessel gedrückt werden, mit dem Dampf in die Maschine und schließlich in den Kondensator gelangen. Stellt man also bei einem Betriebe größere Luftmengen fest, so wird man die Ursache unter Umständen nicht bei der Kraftmaschinenanlage, sondern bei der Kesselanlage zu suchen haben.

Daß es auch schlechte Kondensatpumpen gibt, die nur dann ruhig arbeiten, wenn sie genügende Luftmengen erhalten, ist bekannt. In diesem Falle muß man Luft, die man zunächst sorgfältig vom Kondensator ferngehalten hat, künstlich wieder hereinlassen. Läßt man diese Luft in das Luftabsaugerohr eintreten, so ist ihre Wirkung, da sie bereits kalt ist, nicht so schädlich, als wenn sie mit dem Dampf mitgeführt wäre; immerhin ist ebenfalls eine Verschlechterung der Luftleere die Folge.

Bei den in Tabelle 4 weiter unten wiedergegebenen, an einer 300 KW-Parsons-Turbine durchgeführten Versuchen ist die von der Luftpumpe ausgestoßene Luftmenge mit einer Gasuhr gemessen worden; sie wurde bei einer Dampfmenge von 3000 kg/Std. zu etwa 0,25 kg/Std.

bestimmt. Diese Luftmenge ist als außerordentlich gering zu bezeichnen, wenn man ihr die Angaben gegenüberstellt, die sich in der Literatur finden. Die letzteren Werte beziehen sich aber auf Anlagen mit Kolbendampfmaschinen und mögen auch für solche zutreffen. Bei richtig ausgeführten Dampfturbinenbetrieben kann man unbedenklich ganz geringe Luftmengen annehmen.

3. Luft- und Kondensatpumpen.

Die eben geschilderten Verhältnisse bei der Luftabsaugung führen unmittelbar zur Betrachtung der Luftpumpe, die die Luft vom Kondensatordruck auf atmosphärische Spannung zuammenzudrücken hat, und der Kondensatpumpe, die das Kondensat herausdrückt.

Man unterscheidet zwei Arten der Luft- und Kondensatabsaugung:

1. getrennte Absaugung; die Luft wird mittels einer sogenannten Trockenluftpumpe verdichtet, das Kondensat mittels besonderer Kondensatpumpe gefördert;

2. gemeinschaftliche Absaugung; Luft und Kondensat werden gemeinschaftlich durch eine Naßluftpumpe aus dem Kondensator entfernt.

Betrachten wir zunächst die reine Luftförderung. Arbeitet man mit hoher Luftleere (90 bis 95 v. H.), so haben die Luftpumpen ein großes Druckverhältnis zu überwinden. Bei 90 v. H. Luftleere z. B. beträgt das Druckverhältnis 1: 0,1 = 10, bei 95 v. H. Vakuum ist es bereits auf 1: 0,05 = 20 angewachsen. Damit eine einstufige Luftpumpe bei diesem hohen Druckverhältnis die Luft noch mit einem annehmbaren Liefergrade fördert, muß sie einen sehr kleinen schädlichen Raum haben.

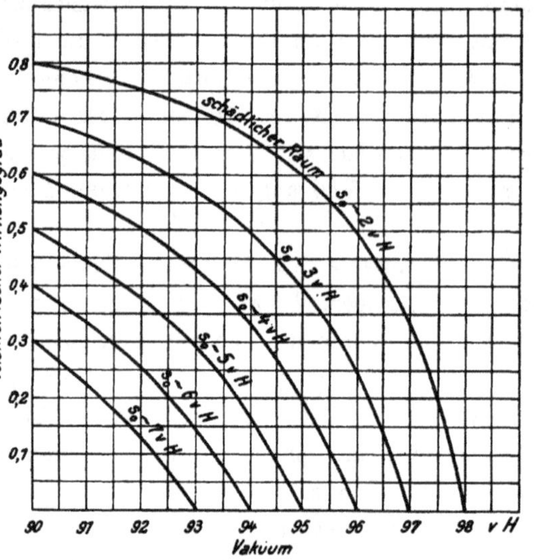

Fig. 19. Theoretischer volumetrischer Wirkungsgrad.

In Fig. 19 ist die Abnahme des volumetrischen Wirkungsgrades mit dem Steigen der Luftleere veranschaulicht. Bei 5 v. H. schädlichem Raum z. B. kann die Luftleere höchstens 95 v. H. betragen, weil bei dieser Luftleere die Pumpe überhaupt keine Luft mehr fördern kann. Geht man also auf sehr hohe Luftleere, so braucht man sehr kleine schädliche Räume (4 v. H. und weniger), wenn man einstufig fördern will. Durch besondere Vorkehrungen kann man bei Kolbenpumpen den volumetrischen Wirkungsgrad hinaufsetzen; es bieten sich hierfür drei Möglichkeiten.

1. Die Kompression geschieht nicht einstufig, sondern mehrstufig. Zweistufige Luftpumpen werden tatsächlich für Dampfturbinenkondensationen ausgeführt.

2. Man versieht die Pumpe mit einer Überströmung. Daß durch Anwendung einer Überströmung trotz gleichbleibenden schädlichen Raumes der Liefergrad erheblich hinaufgesetzt werden kann, ist in Fig. 20 veranschaulicht. Es ist der Fall einer mit 90 v. H. arbeitenden Kondensation zugrunde gelegt, für die Pumpe ist ein schädlicher Raum von 5 v. H. angenommen worden. Das

Diagramm der Pumpe ohne Überströmung zeigt, daß der Liefergrad bei vollkommen dichten Organen den Betrag von 0,53 erreichen kann. Die Überströmung wird in der Weise angebracht, daß man Kanäle anordnet, die kurz vor dem Ende jedes Hubes beide Kolbenseiten miteinander verbinden. Im Hubpunkt *A* der Fig. 20 wird die vordere Kolbenseite, die unter einem Drucke von 1 Atm. steht, mit der hinteren, bei der eine Spannung von 0,1 Atm. abs. herrscht, verbunden; es findet also Druckausgleich statt, und es stellt sich für unseren Fall ein gemeinsamer Druck von 0,168 Atm. auf beiden Seiten ein. Im Punkte *B* nach dem Hubwechsel werden die Überströmkanäle wieder geschlossen. Auf der vorderen Seite expandiert die im Zylinder verbliebene Luft bis auf Kondensatorspannung, Punkt *C*, zurück, auf der hinteren Seite wird die Luft von Punkt *B* aus komprimiert.

Während bei der Pumpe ohne Druckausgleich die Rückexpansion aus dem schädlichen Raume von atmosphärischer Spannung bis auf Kondensatorspannung erfolgen mußte, ist bei der Pumpe mit Druckausgleich nur eine Rückexpansion von der ziemlich niedrigen Ausgleichsspannung bis auf Vakuumspannung erforderlich. Der Liefergrad, der bei der Pumpe ohne Druckausgleich 53 v. H. betrug, ist nunmehr ganz bedeutend, nämlich auf 88 v. H. gestiegen. Gleichzeitig erkennt man aber, daß der Arbeitsbedarf ebenfalls, und zwar ganz bedeutend, in die Höhe gegangen ist. Es zeigt sich, daß die Arbeitsleistung schneller steigt als die gelieferte Luftmenge. Aus unserem Diagramm ergibt sich, daß für die gleiche Luftlieferung die Pumpe mit Druckausgleich 63 v. H. mehr Arbeit erfordert als die ohne Druckausgleich. Diese Tatsache kann man ohne weitere Rechnung leicht einsehen. Bei der Pumpe mit Druckausgleich nimmt ein erheblicher Teil der bereits verdichteten Luft wieder die niedrige Ausgleichsspannung an, ohne äußere Arbeit abzugeben, und muß stets von neuem verdichtet werden.

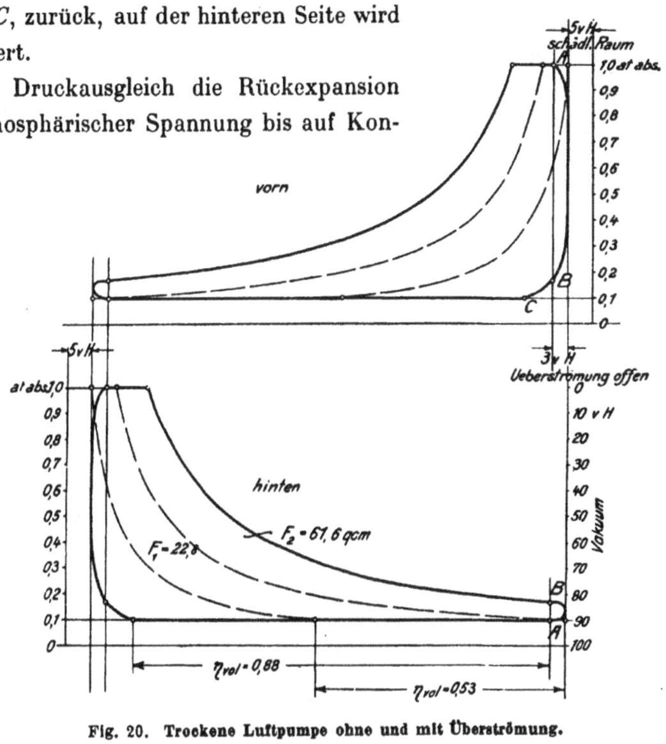

Fig. 20. Trockene Luftpumpe ohne und mit Überströmung.

3. Es gibt noch ein drittes Mittel, um Luftpumpen trotz einstufiger Kompression für hohe Luftleere bei gemeinsamer Absaugung von Luft und Kondensat, d. h. bei Naßluftpumpen, leistungsfähiger zu machen. Man kann konstruktive Vorkehrungen treffen, durch die der gesamte schädliche Raum oder ein großer Teil desselben durch das mit der Luft gemeinsam geförderte Kondensat ausgefüllt wird. Daß eine solche Ausfüllung der schädlichen Räume selbst bei schnellaufenden Naßluftpumpen möglich ist, zeigt Fig. 21, ein im praktischen Betrieb und bei 250 Uml./min. gewonnenes Diagramm, das an einer vom Verfasser entworfenen Naßluftpumpe entnommen wurde. Der fast senkrechte Verlauf der Rückexpansion aus dem schädlichen Raum zeigt,

daß dieser praktisch gleich Null ist, d. h. daß das Kondensat die toten Räume fast vollständig ausfüllt.

Fig. 22 und 23 stellen die Bauart der Pumpe dar. Luft und Kondensat werden durch einen gemeinschaftlichen Stutzen in einen Ringraum geführt. Das Kondensat und ein Teil der Luft gelangen durch Schlitze bei der oberen Kolbenstellung auf die untere Zylinderseite und werden beim Abwärtsgang des Kolbens durch Druckventile hinausgedrückt. Kurz vor der unteren Totlage gibt der Kolben einen Umführkanal frei, durch den ein Teil des auf der unteren Kolbenseite befindlichen Wassers nach der oberen Kolbenseite, auf welcher der übrige Teil der Luft durch Saugund Druckventile gefördert wird, hinübergespritzt wird. Diese Überführung des Wassers und Kondensates dient dazu, die obere Seite, die sich durch eine Luftverdichtung erwärmt, kühl zu halten und den schädlichen Raum durch Wasser auszufüllen.

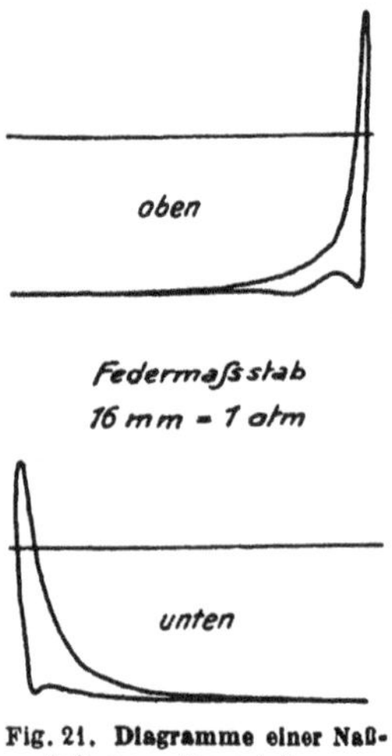

Fig. 21. Diagramme einer Naßluftpumpe Bauart Josse.

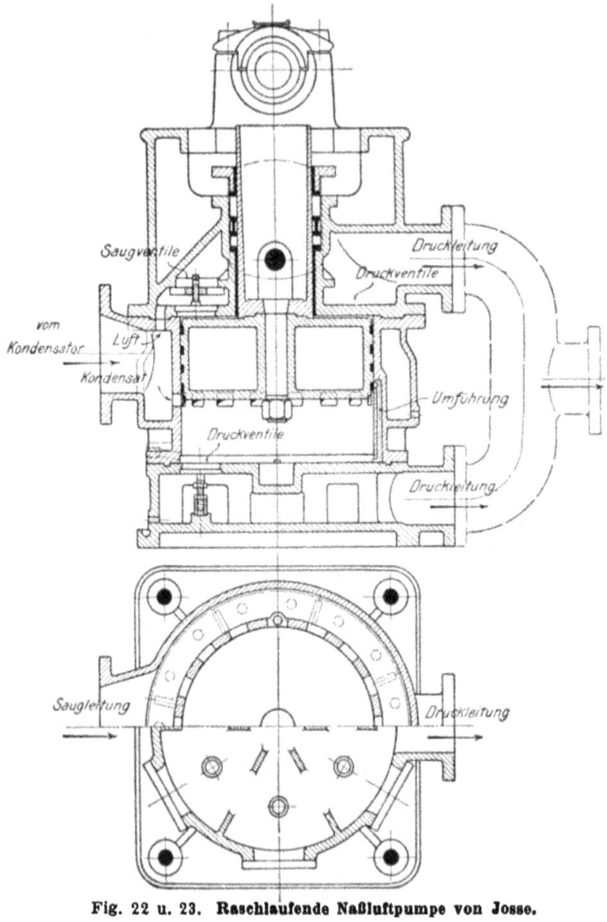

Fig. 22 u. 23. Raschlaufende Naßluftpumpe von Josse.

Mit einigen geringfügigen Änderungen wird diese Pumpe auch für Einspritzkondensatoren zur Fortschaffung von Luft und Einspritzwasser verwendet. Wesentlich ist bei dem Bau solcher Pumpen für hohe Luftleere, daß der Ansaugewiderstand aufs äußerste verringert wird. Dazu eignen sich am besten Schlitze; es lassen sich aber auch Metallventile von einigen Gramm Gewicht bauen, die dafür brauchbar sind.

Fig. 24 stellt eine einzylindrige, mit dem Elektromotor unmittelbar gekuppelte Luftpumpe für 10 000 kg/Std. Dampf dar. Die Pumpe läuft mit 250 Uml./min. ganz geräuschlos; sie gehört zu einer Oberflächenkondensation, bei der mit rückgekühltem Wasser 93 v. H. Luftleere erzeugt werden. Bei größeren Anlagen werden die Pumpen als Zwillingsluftpumpen ausgeführt. Fig. 25 zeigt eine solche Pumpe, die ebenfalls mit dem Elektromotor direkt gekuppelt ist. Sie wird mit einem Oberflächenkondensator von 600 qm Kühlfläche verbunden, der bei einem Vakuum von 93 v. H. 20 000 kg Dampf in der Stunde niederschlagen soll. Die Kühlwassereintrittstemperatur beträgt 15° C. Die zwischen den beiden Naßluftpumpen, Fig. 25, befindliche Pumpe fördert das von den Naßluftpumpen an die Atmosphäre gedrückte warme Kondensat weiter zu den Kesseln zurück. Fig. 26 gibt dieselbe Pumpe in Ansicht wieder. Der zugehörige Oberflächenkondensator ist in Fig. 27 im Längsschnitt und in Fig. 28 im Querschnitt dargestellt. Die der besseren Luftkühlung gewählte Dampfführung ist in der Figur durch Pfeile kenntlich gemacht.

Fig. 24. Doppeltwirkende raschlaufende Naßluftpumpe Bauart Josse.

Betrachten wir jetzt die Luftpumpe im Zusammenhang mit dem Kondensator und bestimmen wir die Temperatur, mit der die Luft oder besser das Gemisch von Luft und Dampf abgesaugt wird.

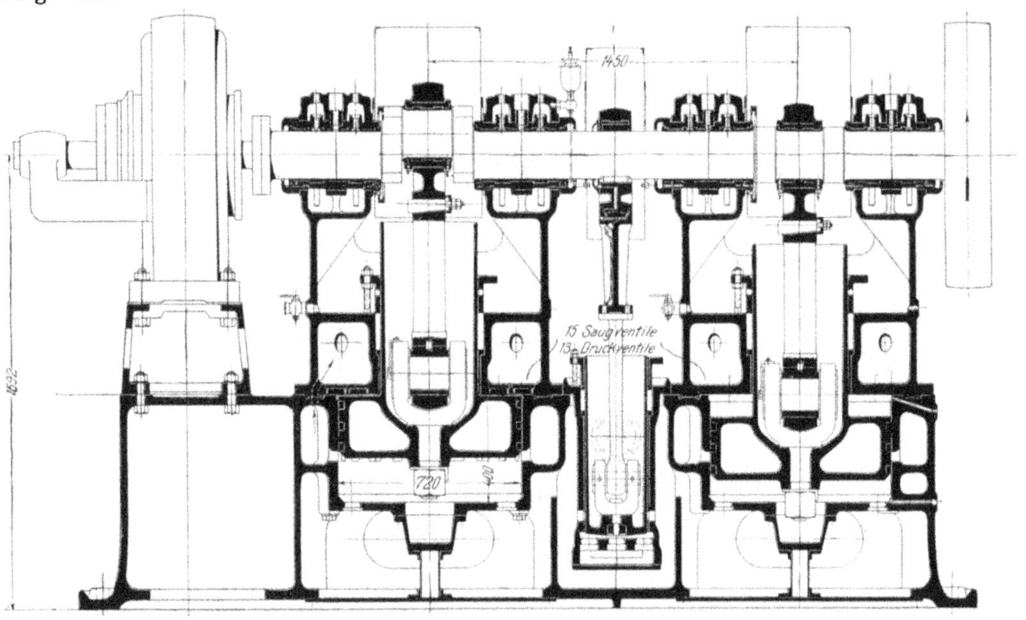

Fig. 25. Zwillings-Naßluftpumpe Bauart Josse. Ausgeführt von der M. A. N.

In Fig. 29 sind die Luftabsaugeverhältnisse für einen bestimmten Fall dargestellt. Es ist eine mit 95 v. H. Luftleere arbeitende Anlage zugrunde gelegt worden, das Gewicht der stündlich eintretenden Luft beträgt 1 kg und die Luftpumpe hat bei 95 v. H. Luftleere ein stündliches Fördervolumen von 50 cbm/Std. Wir werden sehen, daß unter dieser Voraussetzung nur eine ganz bestimmte Temperatur des abgesaugten Dampf- und Luftgemisches möglich ist. Die Abszissen der Figur 29 stellen die Temperatur an der Luftabsaugestelle dar. Hätte die Pumpe nur die trockene Luft abzusaugen, so würde sich das Volumen der Luft mit der absoluten Temperatur am Austritt, also verhältnismäßig nur wenig ändern (s. Kurve 3). Betrüge die Lufttemperatur 0°, so würden 16 cbm abzusaugen sein, wäre sie auf den möglichen Höchstwert, nämlich Sättigungstemperatur, gestiegen, so müßten 18 cbm abgesaugt werden. Das tatsächlich zu fördernde Luftvolumen ist jedoch größer. Wir hatten bereits früher gesehen, daß infolge der Gegenwart von Dampf das zu fördernde Luftvolumen unendlich groß wird, wenn an der Luftabsaugestelle Sättigungstemperatur herrscht, indem in diesem Falle der Teildruck der Luft = 0 wird, also ihr Volumen unendlich groß ist. Kurve 1 der Fig. 29 ergibt den Verlauf der Teildrücke für verschiedene Temperaturen am Austritt aus dem Kondensator, und aus dem Teildruck der Luft läßt sich ihr Volumen berechnen. Dieses ist in Kurve 2 dargestellt.

Fig. 26. Ansicht der Zwillings-Naßluftpumpe Bauart Josse.

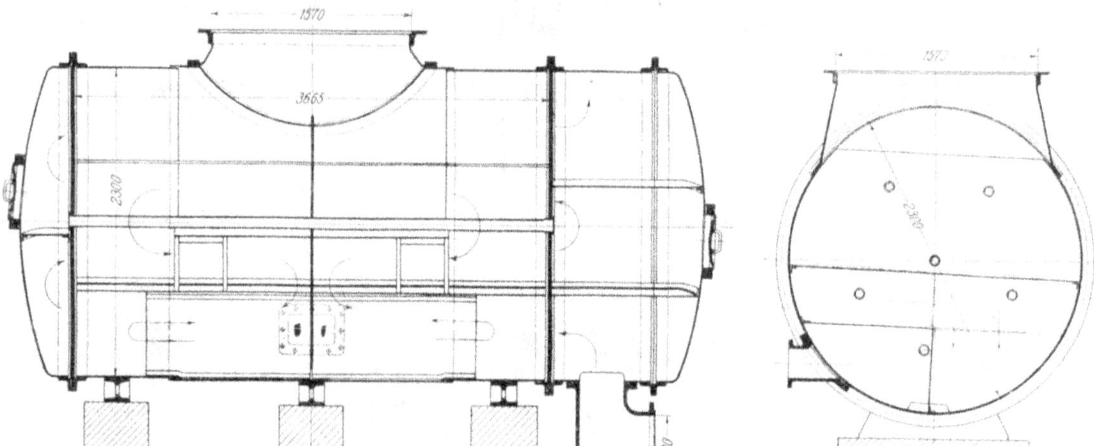

Fig. 27 u. 28. Oberflächenkondensator gebaut von der M. A. N.

Das tatsächlich zu fördernde Luftvolumen weicht, wie man sieht, von dem Volumen der trockenen Luft um so mehr ab, je näher die Temperatur an der Absaugestelle bei der Sättigungstemperatur liegt. Für unseren Fall, bei 50 cbm Fördervolumen in der Stunde, ist also eine Absaugetemperatur von 25,6° erforderlich; denn bei dieser Temperatur beträgt das zu fördernde Volumen von Luft und Dampf 50 cbm, entsprechend einem Teildruck der Luft von 0,017 Atm. Vergrößert man das Fördervolumen der Pumpe, ohne daß sich die Luftleere im Kondensator ändert, z. B. auf 80 cbm/Std., so kann die Temperatur an der Absaugestelle auf 29° steigen. Tritt aus irgendeinem Grunde die doppelte Luftmenge in den Kondensator ein, so muß bei 50 cbm/Std. Fördervolumen der Pumpe die Luft bis auf 15° abgekühlt werden, wenn die Luftleere ungeändert bleiben soll.

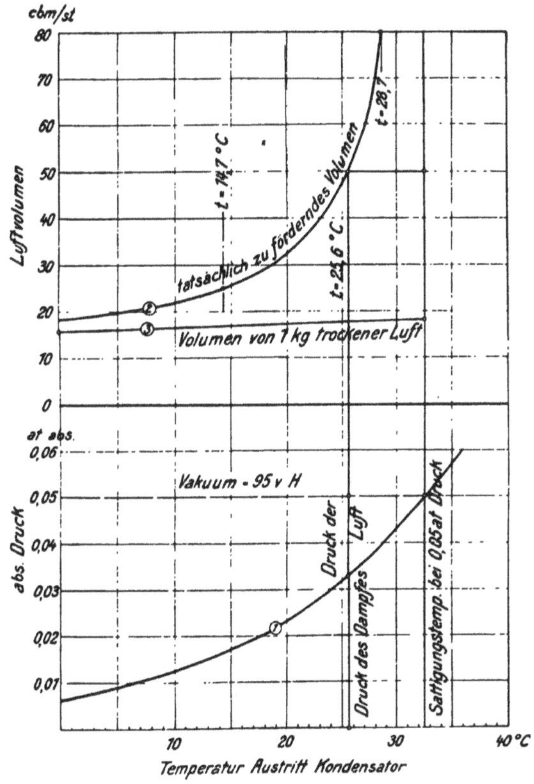

Fig. 29.

Die Temperatur der Luft beim Austritt aus dem Kondensator bietet also für die Beurteilung einer Kondensation gewisse Anhaltspunkte. Wenn jedoch, wie dies häufig in der Praxis geschieht, behauptet wird, je niedriger die Temperatur des abgesaugten Gemisches sei, desto besser arbeite die Kondensation, so ist diese Behauptung falsch. Eine niedrige Temperatur der abgesaugten Luft läßt entweder auf schlechtes Arbeiten, d. h. auf ein geringes Fördervolumen der Luftpumpe schließen, oder auf große Mengen in den Kondensator eingetretener Luft. Tatsächlich wird bei zahlreichen Oberflächenkondensatoren ein großer Teil der Kühlfläche seiner eigentlichen dampfniederschlagenden Bestimmung durch die Ansammlung übergroßer Luftmengen entzogen. Es ist eine der größten Schwierigkeiten zweckmäßigen Kondensatorenbaues, die stagnierenden Luftmengen zu vermindern.

Die Temperatur der abgesaugten Luft wird um so höher sein, d. h. um so näher der Sättigungstemperatur entsprechend dem Kondensatordruck liegen, je besser der Kondensator gegen das Eindringen von Luft geschützt ist und je mehr die Luftpumpe fördert.

In Fig. 30 sind die Verhältnisse für verschiedene Luftleeren veranschaulicht. In dem unteren Teil ist zunächst die Spannungskurve des gesättigten Wasserdampfes und das Fördervolumen einer gegebenen Luftpumpe für verschiedene Luftleeren aufgetragen. Bei 0,02 Atm. wird der volumetrische Wirkungsgrad gleich Null, d. h. die Pumpe fördert überhaupt nicht mehr. Mittels der Spannungskurve sind die Fördervolumina im oberen Teil in Abhängigkeit von der Sättigungstemperatur aufgetragen. Dort sind ferner die Volumina von 1 kg trockener Luft bei fünf verschiedenen Spannungen strichpunktiert eingetragen, sowie die Volumina der feuchten Luft, die tatsächlich bei den verschiedenen Temperaturen abgesaugt werden müssen. Aus der Bedingung, daß das Fördervolumen der Pumpe gleich dem abzusaugenden Volumen sein muß, ergibt sich für jede Spannung die erforderliche Unterkühlung des Dampf-Luft-Gemisches, die auch in den unteren Teil der Figur eingetragen worden ist. Man sieht, wie die fördernden Volumina mit steigender Luftleere sehr schnell anwachsen, anderseits das Fördervolumen der Pumpe abnimmt. Die Abkühlung der Luft, die für die angenommenen Verhältnisse bei 90 v. H. Luftleere nur 2,8° C beträgt, muß 10° sein, wenn die Luftleere auf 96 v. H. steigt. Steht Kühlwasser von 10° zur Verfügung, so kann die Luftleere bei der angenommenen Luftpumpe höchstens 96,4 v. H. betragen, weil bei höherer Luftleere die Luft auf einen niedrigeren Betrag als 10° abgekühlt werden müßte. Die niedrigste mögliche Luftleere ist also unter Umständen nicht durch die Menge des verfügbaren Kühlwassers, sondern durch die Menge der eintretenden Luft oder auch durch die Leistungsfähigkeit der Luftpumpe gegeben.

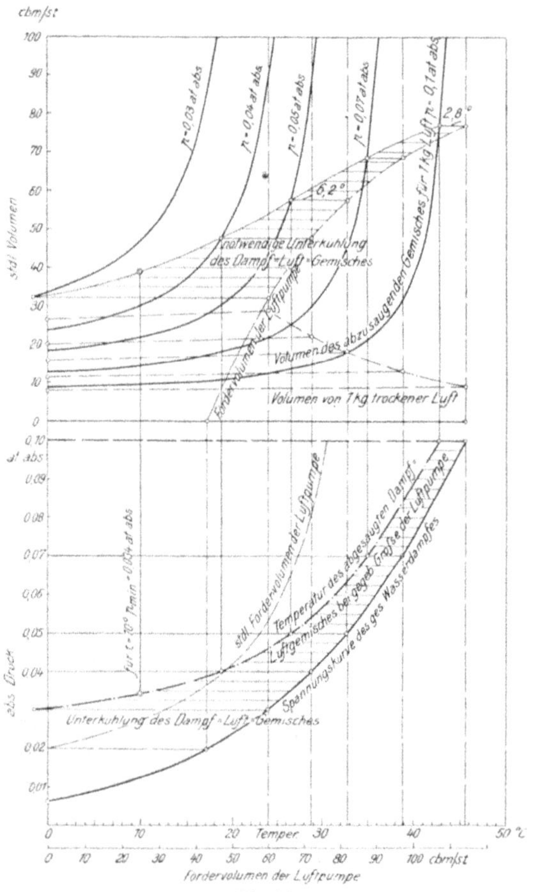

Fig. 30.

Die Betrachtung zeigt deutlich, wie bei höherer Luftleere der Betrieb durch die Luft schwierig gestaltet wird. Die Luft muß abgekühlt werden, gleichviel ob trockene Absaugung oder eine Naßluftpumpe verwendet wird. Für die Temperatur des zu fördernden Kondensates besteht jedoch bei beiden Betriebsarten ein grundsätzlicher Unterschied. Bei getrennter Absaugung kann das Kondensat beliebig warm, im günstigsten Falle mit der dem Kondensatordruck entsprechenden Sättigungstemperatur gefördert werden. Bei Verwendung einer Naßluftpumpe dagegen muß das Kondensat unterkühlt sein; denn sonst würde die mit dem Kondensat gemeinsam geförderte Luft in der Pumpe erwärmt werden, es würde also Kondensat nachverdampfen und daher das geförderte Luftgewicht abnehmen. Es ist daher in diesem Falle zweckmäßig, das Kondensat im Kondensator kühl zu halten. Bei den Oberflächenkondensatoren meiner Bauart werden Vorrichtungen verwendet, welche die Kondensattemperatur durch Unterkühlung herabzusetzen gestatten.

Es wird zunächst das Kondensat unterkühlt und dann die Luft durch innige, unmittelbare Berührung mit dem unterkühlten Kondensat abgekühlt. Da zum Abkühlen von Wasser wesentlich kleinere Oberflächen notwendig sind als zur Wärmeentziehung aus der Luft, so wird hierdurch an Oberfläche erheblich gespart.

Der Umstand, daß es zweckmäßig ist, bei Naßluftpumpen das Kondensat um einen gewissen Betrag zu unterkühlen, scheint zugunsten der trockenen Luftförderung zu sprechen, da hierbei das Kondensat wärmer zurückgewonnen und in den Kessel gespeist werden kann. Bei neuzeitlichen, mit hoher Luftleere arbeitenden Anlagen fällt dieser Umstand jedoch nicht ins Gewicht, weil von warmem Kondensat dabei überhaupt nicht die Rede sein kann und die Unterkühlung unter Sättigungstemperatur nur einige Grade zu betragen braucht. Der durch diese Abkühlung bewirkte Verlust an Wärme beträgt 1 bis 1,5 v. H. der im Dampfkessel dem Speisewasser zugeführten Wärme, ist also ganz unbeträchtlich. Die zu erzielende Luftleere ist bei beiden Verfahren die gleiche. Zugunsten der Naßluftpumpe sprechen die größere Einfachheit und der geringere Raumbedarf, weiter der geringere Arbeitsbedarf.

Der Arbeitsbedarf wird bei der Trockenluftabsaugung größer, weil man bei hoher Luftleere Druckausgleich anwenden muß, und weil der mit der Luft abgesaugte Dampf ebenfalls zusammengedrückt werden muß. Bei der Naßluftpumpe braucht der mitgesaugte Dampf nicht zusammengedrückt zu werden, weil er infolge der Anwesenheit von Kondensat bei beginnender Drucksteigerung kondensiert. Die letztere Wirkung sucht man bei Trockenluftpumpen dadurch zu erreichen, daß man kaltes Wasser einspritzt.

Im Anschluß an die vorhergegangenen wärmetechnischen Grundlagen mögen nachfolgend die Ergebnisse von Versuchen erörtert werden, die an Dampfturbinen-Kondensationsanlagen gewonnen wurden, und die zeigen werden, daß es in der Tat möglich ist, bei Dampfturbinenbetrieben eine wesentlich höhere Leistung der Oberflächenkondensatoren zu erzielen.

Die Versuche wurden zunächst an den beiden Dampfturbinenanlagen des Maschinenbaulaboratoriums der Technischen Hochschule Charlottenburg ausgeführt, welche zur Licht- und Krafterzeugung für die Hochschule und zu Unterrichtszwecken dienen; die erhaltenen Ergebnisse sind nicht nur während der Versuchszeit gewonnen worden, sondern die Kondensationen arbeiten seit nunmehr 6 Jahren mit dem gleichen günstigen Wirkungsgrade.

4. Versuche an der 300 KW-Parsons-Turbinenanlage des Maschinenbau-Laboratoriums Charlottenburg. (Kolbenpumpe.)

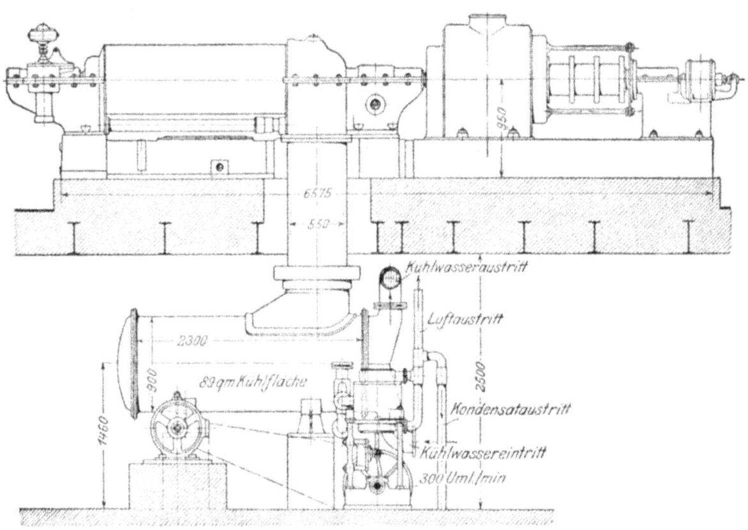

Fig. 31. 300 KW-Dampfturbine des Maschinenbau-Laboratoriums der Technischen Hochschule Berlin.

Ein Aufriß der Anlage ist in Fig. 31 gegeben: oben die ziemlich lange Dampfturbine, unmittelbar darunterliegend, mit der Turbine durch ein Abdampfrohr von reichlicher Weite verbunden, der Kondensator, neben dem Kondensator, durch einen Elektromotor mittels Riemen angetrieben, die Naßluftpumpe meiner Bauart. Die Umlaufpumpe für das Kühlwasser befindet sich in einem anderen Raum, ist daher in der Figur nicht sichtbar. Der Oberflächenkondensator ist unter Mitwirkung des Verfassers von Pape, Henneberg & Co., in Hamburg gebaut worden. Fig. 32 zeigt eine photographische Aufnahme der Anlage.

Tabelle 3.

Oberflächenkondensator von 89 qm Kühlfläche.

Lichte Weite der Rohre	mm	18
Äußerer Durchmesser der Rohre	»	20
Wirksame Länge der Rohre	»	2300
Anzahl der Rohre: obere Wasserkammer		346
» » » untere Wasserkammer		342
» » » insgesamt		688
Wasserberührte Kühlfläche: obere Kammer	qm	44,9
» » untere Kammer	»	44,4
» » insgesamt	»	89,3
Lichter Querschnitt sämtlicher Rohre: obere Kammer	»	0,0879
» » » » untere Kammer	»	0,0868

In Tabelle 3 sind die Abmessungen des Kondensators angegeben. Man sieht, daß zwei Wasserkammern vorhanden sind, d. h. daß die Richtung des Kühlwassers einmal umgekehrt wird. Das Kühlwasser tritt unten ein und oben aus. Tabelle 4 enthält die Ablesungen bei den Versuchen. Es wurden vier Versuchsreihen durchgeführt.

1. Versuchsreihe. Die Belastung der Turbine wurde annähernd normal gehalten, so daß bei allen Versuchen möglichst die gleiche Dampfmenge in den Kondensator eintrat, und es wurde das Verhalten des Kondensators bei verschiedenen Kühlwassermengen untersucht. Die spezifische Kühlwassermenge konnte dabei bis auf 40 gesteigert werden, der niedrigste eingestellte Wert betrug 17.

Fig. 32. **Oberflächenkondensationsanlage der 300 KW-Turbine mit elektrisch betriebener Naßluftpumpe.**

2. Versuchsreihe. Die zweite Versuchsreihe sollte das Verhalten der Kondensation zeigen, wenn sie mit gleichbleibender Kühlwassermenge, jedoch bei verschiedener Belastung der Dampfturbine, d. h. mit verschiedenen Dampfmengen, arbeitete. Die Temperatur des eintretenden Kühlwassers wurde bei diesen Versuchen erhöht, indem Dampf in das Kühlwasser eingelassen wurde, das hierdurch auf 22° gebracht wurde. Es geschah dies deshalb, weil man Verhältnisse schaffen wollte, wie sie etwa bei Rückkühlanlagen vorliegen.

3. Versuchsreihe. Die dritte Versuchsreihe wurde in ähnlicher Weise wie die zweite, nur mit kaltem Kühlwasser, durchgeführt, und es wurde dabei die höchste erreichbare Luftleere festgestellt.

4. Versuchsreihe. Die vierte Versuchsreihe soll Aufschluß über den Einfluß größerer in den Kondensator eintretender Luftmengen geben.

Sämtliche Temperaturen wurden mit geeichten Thermometern, die Drücke mit Quecksilberinstrumenten gemessen, die stündlichen Dampfmengen und die stündlichen Kühlwassermengen, wie im Laboratorium seit Jahren üblich, durch Poncelet-Öffnungen bestimmt. Weiter wurde für eine Reihe von Versuchen die stündliche Luftmenge dadurch gemessen, daß man das Austrittsrohr der Luftpumpe mit einer Luftuhr verband. Es muß bemerkt werden, daß die wirkliche aus dem Kondensator entfernte Luftmenge größer als die gemessene gewesen ist, da nur diejenige Luft der Messung zugänglich war, die sich aus dem Kondensat in der Druckleitung abschied, nicht aber die, welche im Wasser verschluckt wegging. Weiter wurde der Arbeitsbedarf der Naßluftpumpe durch Messung der Arbeitsleistung des antreibenden Elektromotors bestimmt. Tabelle 5 enthält die aus Tabelle 4 gewonnenen Ergebnisse.

Die stündlich dem Kondensator zugeführten Wärmemengen konnten auf zweierlei Weise bestimmt werden: einmal aus der stündlichen Kühlwassermenge und ihrer Erwärmung, zweitens aus der stündlichen Dampfmenge und dem Wärmeinhalt des Dampfes. Der Wärmeinhalt des Dampfes ließ sich aus Druck- und Temperaturmessung feststellen, weil die Überhitzungstemperatur des in die Turbine eintretenden Dampfes so hoch gewählt worden war, daß der Dampf beim Austritt aus der Turbine noch überhitzt war. Aus der Möglichkeit, den Wärmeinhalt doppelt zu bestimmen, ergab sich eine Kontrolle.

Man sieht, daß die ermittelten Wärmemengen recht gut übereinstimmen; die Abweichungen bleiben mit einer Ausnahme unter 1 v. H. Die normale Belastung des Kondensators betrug etwa 35 kg/Std. niedergeschlagenen Dampf auf 1 qm Kühlfläche.

Wenn es sich bei einer Kondensationsanlage darum handelt, mit möglichst wenig Kühlwasser eine gute Wirkung zu erzielen, so ist ein Maßstab für die Beurteilung der Kondensation der Quotient aus dem wirklichen Kühlwasserverbrauch und dem Verbrauch des theoretisch vollkommenen Kondensators, oder auch der Mehrverbrauch gegenüber der idealen Kondensation.

Die Versuche zeigen, daß der Mehrverbrauch nur ganz geringfügig ist, von 16 v. H. bevoller Belastung und höchster Luftleere bis auf 5 v. H. sinkend, wenn man sich mit 90 v. H. Luft, leere begnügt. Daher ist der Unterschied der Temperaturen des eintretenden gesättigten Dampfes und des austretenden Kühlwassers nur sehr gering. Er beträgt etwa 2° C.

Für die Beurteilung der Kondensation mit Rücksicht auf die Abmessungen des Kondensators ist der Wärmedurchgangskoeffizient maßgebend. Je größer der Wärmedurchgangskoeffizient eine um so geringere Kühlfläche braucht man, um eine bestimmte Wärmemenge zu übertragen, desto kleiner und billiger wird der Kondensator.

Die erzielten Werte steigen bis über 3000, sind also erheblich höher als die, mit denen man sonst beim Entwurf von Kondensatoren zu rechnen pflegt. Diese hohen Werte ergaben sich bei verhältnismäßig geringen Geschwindigkeiten des Kühlwassers von etwa 0,4 m/Sek. Es ist dies nur dadurch möglich geworden, daß in die Kühlröhren die Pape-Hennebergschen Wirbelstreifen eingebaut waren, die die Wärmeübertragungszahlen ganz erheblich hinaufsetzten. Wie nachteilig der Einfluß von Undichtheiten ist, geht aus der letzten Versuchsreihe deutlich hervor. Der Wärmedurchgangskoeffizient sinkt auf die Hälfte herab, wenn die Luftmenge von 0,20 cbm/Std. auf 13,5 cbm/Std. vermehrt wird.

Tabelle 4. **Oberflächenkondensator**

Versuch Nr.		1	2	3	4
Versuchsgrundlagen		Übertragene Wärmemenge gleichbleibend, Luftleere verändert durch Veränderung der Kühlwassermenge			
Barometerstand	mm Hg	766	765,5	744,5	744,5
Luftleere	» »	738,1	726,9	692,8	670,9
»	vH	96,4	95,0	93,1	90,2
Absolute Kondensatorspannung p_c	kg/qcm	0,0379	0,0525	0,0705	0,100
Dampfmenge D	kg/Std.	3 113	3 180	3 120	3 230
Kühlwassermenge Q	»	112 100	90 500	69 050	56 250
Temperaturen:					
Sättigungstemperatur t_c entsprechend p_c	°C	27,9	33,5	39,0	45,6
Dampfeintritt t_d	»	39,8	40,3	44,8	49,0
Dampf und Luft am Austritt t_l	»	23,0	25,4	30,4	36,8
Kondensat t_w	»	18,0	20,6	25,4	30,8
Kühlwassereintritt t_1	»	10,30	10,30	10,40	10,30
Kühlwasser Mitte Kondensator t_2	»	16,16	20,37	26,38	34,30
Kühlwasseraustritt t_3	»	25,43	31,25	37,08	43,91
Raumtemperatur	»	23,8	24,8	22,7	25,1
Luftmenge (760 mm Hg; 20° C)	cbm/Std.	—	—	—	—
Dynamischer Widerstand des Kondensators	Atm.	—	0,068	0,042	0,030
Arbeitsbedarf der Naßluftpumpe: elektrisch gemessen	KW	—	—	—	—
» » » einschl. Riemenverlust	PS_e	—	—	—	—

Tabelle 5. **Oberflächenkondensator**

Versuch Nr.		1	2	3	4
Versuchsgrundlagen		Übertragene Wärmemenge gleichbleibend, Luftleere verändert durch Veränderung der Kühlwassermenge			
Übertragene Wärmemenge	WE/Std.	1 848 000	1 895 000	1 842 000	1 891 000
Wärmeentziehung auf 1 kg Dampf	WE/kg	594	596	590	585,5
Wärmeinhalt in 1 kg Dampf	»	612	616,6	616,4	616,3
Wärmeinhalt in 1 kg Dampf (aus Druck u. Temper. bestimmt)	»	613,5	613,8	615,8	617,1
Unterschied	WE	— 1,5	+ 2,8	+ 0,6	— 0,8
»	vH	— 0,2	+ 0,5	+ 0,1	— 0,1
Belastung des Kondensators:					
Dampfmenge auf 1 qm Kühlfläche	kg/qm	34,9	35,6	35,0	36,2
Wärmemenge auf 1 qm Kühlfläche	WE/qm	20 700	21 200	20 650	21 200
Spezifischer Kühlwasserverbrauch $\frac{Q}{D}$		39,3	28,5	22,15	17,4
Spezifischer Kühlwasserverbrauch des theoretisch vollkommenen Kondensators		33,7	25,7	20,7	16,56
$\frac{\text{Wirklicher Kühlwasserverbrauch}}{\text{Verbrauch des idealen Kondensators}}$		1,166	1,109	1,071	1,050
Mehrverbrauch gegenüber dem idealen Kondensator	vH	16,6	10,9	7,1	5,0
Temperaturunterschied t_c-t_3, Dampf im Kondensator — Kühlwasseraustritt	°C	2,47	2,25	1,92	1,69
Unterkühlung des Kondensates	»	9,9	12,6	13,6	14,8
Geschwindigkeit des Kühlwassers in der oberen Kammer	m/sec	0,386	0,286	0,218	0,178
» » » » » unteren »	»	0,391	0,289	0,220	0,180
Wärmedurchgangskoeffizienten					
Oberer Teil des Kondensators		4270	3560	2900	2380
Unterer » » » (einschl. Unterkühlung)		1120	1170	1290	1460
Gesamte Kondensation (einschl. Unterkühlung)		2700	2380	2100	1925
Absolute Spannung im idealen Kondensator	kg/qcm	0,033	0,046	0,064	0,092
» » wirklich erreicht	»	0,038	0,053	0,071	0,100

von 89 qm Kühlfläche.

11	10	12	8	9	13	14	5	6	7
Betrieb mit wärmerem Kühlwasser, Wassermenge gleichbleibend, Dampfmenge verändert			Kühlwassermenge gleichbleibend, Dampfmenge verändert			Höchste erreichte Luftleere	Einfluß der Luft auf die Luftleere, Wärmemenge gleichbleibend		
754,5	754,5	755	746	746	769,5	769,5	745,5	746	746,5
699,2	712	720,5	700,6	718,5	749,2	752,9	683,8	672,6	660,3
92,7	94,4	95,5	93,9	96,3	97,4	97,9	91,7	90,2	88,5
0,0752	0,0578	0,047	0,0618	0,0374	0,0276	0,0226	0,0840	0,0998	0,1173
3 230	2 608	1 765	3 111	2 058	1 460	1 442	3 261	3 196	3 160
119 300	120 200	118 900	77 600	78 200	79 500	118 700	63 900	63 600	63 900
40,1	35,3	31,6	36,6	27,7	22,6	19,2	42,2	45,6	48,7
51,1	46,9	54,3	47,6	49,0	31,4	32,2	47,9	53,2	56,3
35,5	30,9	30,9	28,3	25,6	20,0	19,0	33,4	30,6	22,9
30,7	27,1	25,4	21,9	17,1	14,5	12,5	28,15	20,95	16,2
22,16	21,21	22,00	10,30	10,30	10,20	10,20	10,30	10,30	10,30
31,25	28,03	26,13	24,20	17,40	13,06	10,60	29,52	16,90	12,25
38,28	33,90	30,76	34,38	26,19	21,04	17,40	40,32	40,49	40,48
31,1	29,5	31,6	27,2	27,7	24,0	24,1	25,5	26,4	27,0
0,19	0,13	0,17	0,16	0,18	0,15	0,155	0,20	7,95	13,50
0,129	0,129	0,131	0,057	0,059	0,069	0,140	0,038	0,039	0,040
2,04	2,00	1,94	1,99	1,97	1,84	1,81	2,05	3,09	3,49
1,69	1,63	1,56	1,62	1,61	1,43	1,40	1,70	3,06	3,60

von 89 qm Kühlfläche.

11	10	12	8	9	13	14	5	6	7
Betrieb mit wärmerem Kühlwasser, Wassermenge gleichbleibend, Dampfmenge verändert			Kühlwassermenge gleichbleibend, Dampfmenge verändert			Höchste erreichte Luftleere	Einfluß der Luft auf die Luftleere, Wärmemenge gleichbleibend		
1 923 000	1 525 000	1 041 000	1 868 000	1 242 000	862 000	855 000	1 919 000	1 920 000	1 928 000
595	585	589,5	600,5	603	590,5	593	588,5	601	610
625,7	612,1	614,9	622,4	620,1	605	605,5	616,7	622	626,2
618,8	616,8	620,5	617,2	617,9	609,4	610	617,2	619,8	621,1
+ 6,9	− 4,7	− 5,6	+ 5,2	+ 2,2	− 4,4	− 4,5	− 0,5	+ 2,2	+ 5,0
+ 1,1	− 0,8	− 0,9	+ 0,8	+ 0,4	− 0,7	− 0,7	− 0,1	+ 0,4	+ 0,8
36,2	29,2	19,8	34,9	23,1	16,4	16,2	36,6	35,8	35,4
21 600	17 100	11 660	20 950	13 920	9 660	9 580	21 500	21 500	21 600
36,9	46,1	67,3	25,0	38,0	54,4	82,3	19,6	19,9	20,2
33,2	41,5	61,4	22,95	34,7	47,6	65,8	18,57	17,1	15,86
1,111	1,110	1,096	1,089	1,096	1,143	1,250	1,055	1,163	1,274
11,1	11,0	9,6	8,9	9,6	14,3	25,0	5,5	16,3	27,4
1,82	1,40	0,84	2,22	1,51	1,56	1,80	1,88	5,11	8,22
9,4	8,2	6,2	14,7	10,6	8,1	6,7	14,05	24,65	32,5
0,377	0,380	0,376	0,245	0,247	0,251	0,375	0,202	0,201	0,202
0,382	0,385	0,381	0,248	0,250	0,254	0,380	0,205	0,203	0,205
4210	4400	4960	2980	3340	3200	4130	2720	2440	2120
1920	1810	1520	1330	930	470	120	1340	300	80
3070	3120	3260	2160	2150	1850	2150	2040	1380	1110
0,068	0,054	0,045	0,055	0,034	0,026	0,020	0,077	0,077	0,077
0,075	0,058	0,047	0,062	0,037	0,028	0,023	0,084	0,100	0,117

Um den Einfluß der Wirbelstreifen zu zeigen, sind in Tabelle 6 unter möglichst gleichen Versuchsbedingungen ausgeführte Vergleichsversuche mit und ohne Wirbelstreifen dargestellt. Man ersieht aus diesen Versuchen, daß sich bei dem Kondensator ohne Verwendung der Wirbelstreifen die gleiche Wirkung nur bei ziemlich erheblichem Mehraufwand an Kühlwasser erreichen läßt. Allerdings lassen sich die Wirbelstreifen nur bei stets reinem Kühlwasser verwenden. Im Maschinenbaulaboratorium sind sie 3 Jahre lang ohne Reinigung in Betrieb gewesen; das Kühlwasser entstammt aus Tiefbrunnen.

Tabelle 6.

Kondensation der 300 KW-Dampfturbinenanlage des Maschinenbaulaboratoriums.

Oberfläche des Kondensators . . . . qm	89						
Versuch Nr.	1	3	2	5	6	7	8
Datum	24. 9. 07	25. 9. 07	25. 9. 07	26. 9. 07	26. 9. 07	26. 9. 07	27. 9. 07
Betriebsart	mit Wirbelstreifen			ohne Wirbelstreifen			
Barometerstand . . . . mm Hg	770	770,5	770,5	770	770	770	771
Luftleere . . . . »	734,1	743,4	747,7	720	733,5	737,4	735,5
Luftleere in vH des Luftdruckes . . vH	95,4	96,5	97,1	93,5	95,3	95,8	95,4
Absoluter Druck im Kondensator . . kg/qcm	0,049	0,038	0,031	0,068	0,050	0,044	0,048
Stündliche Dampfmenge . . . . . . kg/Std.	3475	2830	2190	3480	2665	2150	2750
Stündliche Kühlwassermenge . . . . »	112 700	10 8500	94 200	111 800	107 900	95 000	115 200
Temperatur:							
Kühlwassereintritt . . . . °C	10,41	10,41	10,41	10,41	10,41	10,41	10,41
Kühlwasseraustritt . . . . »	28,70	25,76	24,09	28,13	24,92	23,95	24,25
Dampfeintritt in den Kondensator »	34,0	29,0	27,0	38,9	34,2	32,7	33,4
Abgesaugte Luft . . . . »	27,1	24,0	21,5	32,0	28,0	27,3	27,5
Kondensat . . . . »	18,8	16,9	14,0	26,2	21,7	20,3	21,1
Unterschied zwischen Dampfeintritt und Kühlwasseraustritt. . . . . . »	5,3	3,3	2,9	10,8	9,3	8,75	9,15
Stündlich vom Kondensator aufgenommene Wärmemenge. . . . . . WE/Std.	2 060 000	1 666 000	1 288 000	1 982 000	1 565 000	1 286 000	1 588 000
Theoretisch nötige Wassermenge . . kg/Std.	94 200	94 700	91 400	71,000	70 300	64 100	73 600
$\frac{\text{Wirklich gebrauchte Wassermenge}}{\text{Theoretisch nötige Wassermenge}}$ . .	1,20	1,15	1,03	1,58	1,54	1,48	1,56
Arbeitsbedarf der Kondensatorpumpe Kw	2,2	2,2	2,1	2,2	2,3	2,3	2,2
Arbeitsbedarf der Kondensatorpumpe PS	3,0	3,0	2,85	3,0	3,1	3,1	3,0
Wirkungsgrad des Elektromotors . .	0,7	0,7	0,7	0,7	0,7	0,7	0,7
Effektiver Arbeitsbedarf der Pumpe einschl. Riemenverlust . . . . . . »	2,1	2,1	2,0	2,1	2,2	2,2	2,1

Der tatsächliche Arbeitsbedarf der Kondensatpumpe beträgt bei normalem Betriebe nur 2,1 PSe, d. h. 0,5 v. H. der normalen Turbinenleistung. Dieser außerordentlich niedrige Wert darf nicht für die Bemessung des Elektromotors oder der Antriebsmaschine maßgebend sein, denn er steigt erheblich mit dem Anwachsen der Luftmenge; s. Tabelle 4, Versuch 5, 6 und 7. Vor allem ist zu beachten, daß der Arbeitsbedarf beim Anfahren, d. h. beim Leersaugen des Kondensators, mehrfach so groß wie der normale ist. Bei der zur untersuchten Anlage gehörigen doppeltwirkenden Naßluftpumpe, deren untere Seite mit Saugschlitzen (für Wasser), und deren obere mit Saugventilen (für Luft) arbeitet, wurde der Arbeitsbedarf beim Leersaugen durch Versuche bestimmt. Die Versuchsergebnisse sind in Fig. 33 dargestellt. Der effektive Arbeitsbedarf ist

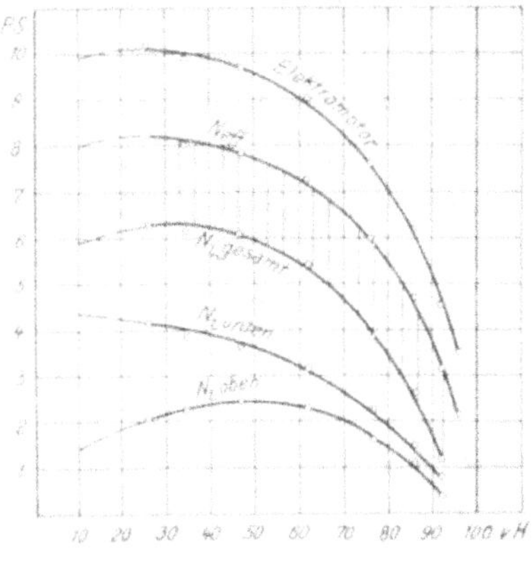

Fig. 33. Arbeitsbedarf der Naßluftpumpe beim Anfahren.

beim Anfahren etwa viermal so groß als im normalen Betriebe. Der antreibende Elektromotor muß so bemessen sein, daß er diese Höchstleistung, allerdings bei größter zulässiger Überlastung, abzugeben vermag. Mit der höchstmöglichen Überlastung darf man den Motor beim Anfahren beanspruchen, weil die Dauer des Ausleerens sehr kurz ist, höchstens einige Minuten beträgt.

Beim Entwurf der oben besprochenen Kondensationsanlage war man von der Erwägung ausgegangen, eine bezüglich des Kühlwasserverbrauches möglichst zweckmäßige Anlage zu schaffen. Daher ist die Kühlfläche des Kondensators noch verhältnismäßig reichlich bemessen worden.

5. Versuche an der 200 KW-AEG-Turbinenanlage des Maschinenbau-Laboratoriums.

Beim Entwurf dieser zweiten Anlage wurden andere Gesichtspunkte zugrunde gelegt. Es wurde weniger erstrebt, mit möglichst geringen Kühlwassermengen auszukommen, als mit einer sehr kleinen Kühlfläche große Wärmemengen bei guter Luftleere zu übertragen.

Konstruktion und Form des Kondensators sind nicht normal. Es sind zwei Kondensatorkörper ausgeführt, ferner sind im oberen Teil außer den Längsröhren auch Querröhren angeordnet. Diese Maßnahmen wurden getroffen, weil der Kondensator mit der ausgesprochenen Absicht gebaut wurde, außer für den Hochschulbetrieb auch für Forschungsversuche verwendet zu werden. In Fig. 34 ist der Kondensator mit der zugehörigen Naßluftpumpe dargestellt.

Tabelle 7 enthält die Abmessungen des Kondensators. Mit der außerordentlich kleinen Oberfläche von 28 qm sollte eine stündliche Dampfmenge von über 2000 kg bei höchster Luftleere niedergeschlagen werden. Die Kühlfläche dieses Kondensators ist verhältnismäßig nur halb so groß wie die der ersten Anlage.

Infolge seiner eigenartigen Konstruktion läßt sich der Kondensator in vier Einzel-

Fig. 34. Versuchskondensator der 200 AEG-Turbine des Maschinenbau-Laboratoriums Charlottenburg.

abteilungen zerlegen. Der obere Teil, welcher aus zwei Gruppen Längsröhren und einer Gruppe rechtwinklig dazu angeordneter Querröhren besteht, soll hauptsächlich der Kondensation des Dampfes dienen, während der untere Teil die Luft und das Kondensat abzukühlen hat.

Um den Dampf mit möglichst hohem Wärmedurchgangskoeffizienten niederzuschlagen, war man bestrebt, dem Kühlwasser im oberen Teil große Geschwindigkeit zu geben; weiter waren im oberen Teile Wirbelstreifen eingebaut, um dadurch noch eine weitere Verbesserung der Wärmeübertragung zu erzielen. Da es für den unteren Teil nicht so sehr auf die Kühlwasserbewegung ankam, so wurden hier die Wirbelstreifen weggelassen und auch die Geschwindigkeit des Kühlwassers bedeutend niedriger gehalten.

Die Versuchsreihen wurden nach ähnlichen Gesichtspunkten durchgeführt wie bei der andern Anlage, indem sowohl die stündliche Dampfmenge als auch die stündliche Kühlwassermenge verändert wurde. Die Versuchsablesungen sind in Tabelle 8, die daraus folgenden Ergebnisse in Tabelle 9 niedergelegt. Die Kühlfläche wird bei dem Kondensator normal mit 65 kg/Std. Dampfmenge auf 1 qm beansprucht. Trotz dieser sehr hohen Beanspruchung ließ sich eine Luft-

Tabelle 7.

Oberflächenkondensator von 28,5 qm Kühlfläche.

	Anzahl der Rohre	Lichte Weite mm	Länge mm	Wasserberührte Oberfläche qm	Durchtrittquerschnitt für Kühlwasser qcm
Oberer Kondensator:					
Obere Längsrohre Abteilung 4	87	15	1200	4,915	153,8
Querrohre . . . » 3	189	15	588	5,23	334[1])
Untere Längsrohre » 2	133	15	1200	7,52	235
Insgesamt	409	—	—	17,67	—
Unterer Kondensator:					
Insgesamt . . . Abteilung 1	211	13	1260	10,85	280[2])
Gesamter Kondensator	620	—	—	28,52	—

[1]) mit Wirbelstreifen. [2]) ohne Wirbelstreifen.

leere von 96,4 v. H. erreichen. Der Mehrbedarf an Kühlwasser gegenüber dem theoretisch vollkommenen Kondensator betrug dabei 50 v. H., also mehr als bei der ersten Anlage. Der Grund dafür ist außer in der geringeren Bemessung der Kühlfläche auch in den kleineren Abmessungen der älteren Naßluftpumpe zu suchen, deren Hubvolumen nur etwa den vierten Teil desjenigen der 300 KW-Anlage beträgt. Außerdem zeigt es sich, daß der volumetrische Wirkungsgrad dieser Pumpe bei 96,4 v. H. Luftleere schon recht gering ist; denn wie Versuch 5 ergibt, gelang es trotz sehr erheblicher Steigerung der Kühlwassermenge nicht, die Luftleere über 96,7 v. H. zu erhöhen. 96,7 v. H. dürfte also etwa die Grenze sein, bei der die Pumpe aufhört zu fördern. Die Pumpe ist eine ältere Konstruktion, es fehlen an ihr verschiedene Verbesserungen, die bei neuen Konstruktionen ausgeführt werden.

Bemerkenswert sind die sehr hohen Wärmedurchgangszahlen im oberen Teile des Kondensators. Der höchste gemessene Wert ist 7420 für die Abteilung der obersten Längsrohre. Die hohen Werte ließen sich dadurch erreichen, daß man außer den Wirbelstreifen auch noch höhere Wassergeschwindigkeiten als bei der ersten untersuchten Anlage anwandte.

Die Wärmedurchgangszahlen des unteren Teiles sind wegen der Anwesenheit von Luft natürlich wesentlich geringer; daher kam es auch nicht darauf an, in diesem Teile mit höchster Wassergeschwindigkeit und Wirbelung des Kühlwassers zu arbeiten.

Der Wärmedurchgangskoeffizient für den gesamten Kondensator erreicht bei der größten erzielbaren Kühlwassergeschwindigkeit 3480 (Versuch 1); dabei hat der spezifische Kühlwasserverbrauch etwa denjenigen Betrag, der bei Kondensationen üblich ist, nämlich rd. 50.

Tabelle 8.

Oberflächenkondensator von 28,5 qm Kühlfläche.

Versuch Nr.		1	2	3	4	5	6	7	8	9	10
Versuchsgrundlagen		Übertragene Wärmemenge gleichbleibend, Luftleere verändert durch Veränderung der Kühlwassermenge				Verhalten bei geringerer Beanspruchung; Wärmemenge gleichbleibend, Kühlwassermenge verändert					
						Größte Luftleere					
Barometerstand	mm Hg	763	763,5	763,8	764	770,5	770,5	770,5	770,5	767	767
Luftleere	» »	735	728,3	712,2	693	745,2	743,5	740,9	735	717,5	690
»	vH	96,4	95,4	93,3	90,7	96,7	96,5	96,2	95,4	93,6	89,9
Abs. Kondensatorspannung p_c	kg/qcm	0,0381	0,0479	0,0702	0,0965	0,0344	0,0367	0,0403	0,0483	0,0673	0,1046
Stündliche Dampfmenge D	kg/Std.	1 812	1 808	1 823	1 834	1 112	1 101	1 098	1 098	1 095	1 113
» Kühlwassermenge Q	»	93 020	62 500	43 800	34 350	96 400	54 900	41 550	33 130	25 030	18 590
Temperaturen:											
Sättigungstemperatur entspr. p_c	t_s °C	27,9	31,9	38,8	44,9	26,2	27,4	28,9	32,1	38,1	46,4
Dampfeintrittstemper. gemessen	t_d »	27,9	32,2	38,9	44,9	26,6	27,7	29,2	32,2	38,3	46,4
Dampf Mitte Kondensator	t_{d1} »	—	—	—	—	—	—	—	—	38,2	46,3
Luftaustritt	t_l »	25,7	31,6	38,5	44,5	(16,1)	14,25	25,1	31,7	37,7	46,3
Kondensat	t_w »	14,7	20,5	26,4	32,0	11,5	12,2	13,7	18,7	24,2	33,9
Kühlwasser-Eintritt	t_1 »	10,21	10,23	10,20	10,22	10,22	10,22	10,23	10,23	10,24	10,25
» (hinter Abt. 1)	t_2 »	10,95	13,43	16,15	18,57	10,35	10,52	11,70	13,64	16,07	19,75
» (» » 2)	t_3 »	16,46	21,06	27,03	32,52	12,61	15,79	19,74	23,25	28,79	37,27
» (» » 3)	t_4 »	18,87	24,08	30,99	37,19	14,15	18,75	22,69	26,38	32,39	41,34
» Austritt	t_5 »	21,80	27,28	34,49	40,94	16,87	21,76	25,50	29,07	35,42	44,27
Raumtemperatur	»	24	24	24	24	23	23	23	23	29,50	30

Die Anordnung von Querröhren im oberen Teile des Kondensators, die in der Hauptsache eine heftige Wirbelung des Dampfes bezwecken sollte, ergab keine Verbesserung des Wärmeüberganges. Bemerkenswert ist auch, daß die Gruppe der unteren Längsröhren die Wärmeübertragung in ebenso günstiger Weise besorgt wie die Gruppe der oberen Längsröhren, ein Beweis dafür, daß das von den oberen herabtropfende Kondensat den Kondensationsvorgang in den unteren Teilen in erheblichem Maße nicht zu stören vermag. Bekanntlich erstreben namentlich englische Erbauer von Oberflächenkondensatoren eine Verbesserung des Kondensationsvorganges durch den Einbau von Scheidewänden, welche außer der Dampfführung dem Hauptzwecke dienen sollen, das von den Röhren herabtropfende Kondensat aufzufangen und abzuleiten und so die darunterliegenden Röhren des Kondensators zu schützen (Kontraflo).

Tabelle 9.

Oberflächenkondensator von 28,5 qm Kühlfläche.

Versuch Nr.		1	2	3	4	5	6	7	8	9	10
Versuchsgrundlagen		übertragene Wärme gleichbleibend, Luftleere verändert durch Veränderung der Kühlwassermenge				Verhalten bei geringerer Beanspruchung; Wärmemenge gleichbleibend, Kühlwassermenge verändert; größte Luftleere					
Stündlich übertragene Wärmemenge	WE/Std.	1 079 000	1 066 000	1 064 000	1 056 000	641 000	634 500	634 500	624 000	630 000	632 500
Wärmeentziehung auf 1 kg Dampf	WE/kg	595	590	583	576	576	576	578	568	575	568
Wärmeinhalt in 1 kg Dampf	»	610	611	609	608	587	588	592	587	599	602
» des gesättigten Dampfes	»	608	610	613	616	607	607,5	608	610	612,5	616,5
Dampffeuchtigkeit	vH	—	—	0,7	1,4	3,4	3,4	2,8	4,0	2,4	2,5
Spezifischer Kühlwasserverbrauch	$\frac{Q}{D}$	51,4	34,6	24,0	18,73	86,7	49,8	37,8	30,15	22,87	16,70
» » des ideal. Kondens.		33,7	26,85	20,3	16,58	35,2	32,95	30,45	25,85	20,5	15,68
Wirklicher Kühlwasserverbrauch / Verbrauch des idealen Kondensators		1,525	1,288	1,182	1,129	(2,46)	1,511	1,241	1,166	1,116	1,065
Mehrverbrauch gegenüber dem idealen Kondensator	vH	52,5	28,8	18,2	12,9	(146)	51,1	24,1	16,6	11,6	6,5
Geschwindigkeit des Kühlwassers:											
Oberer Kondensator: Obere Längrohre	m/sec.	1,681	1,129	0,791	0,620	1,742	0,991	0,750	0,598	0,452	0,336
Oberer Kondensator: Querrohre	»	0,774	0,520	0,364	0,286	0,802	0,457	0,346	0,276	0,208	0,155
Oberer Kondensator: Untere Längsohre	»	1,100	0,739	0,518	0,406	1,140	0,649	0,491	0,392	0,296	0,220
Unterer Kondensator	»	0,924	0,621	0,435	0,341	0,957	0,545	0,412	0,329	0,248	0,184
Unterkühlung des Kondensates	°C	13,2	11,7	12,5	12,9	15,1	15,5	15,5	13,5	14,1	12,5
Temperaturunterschied: Dampfeintritt-Kühlwasseraustritt		6,10	4,92	4,41	3,96	9,73	5,94	3,70	3,13	2,88	2,13
Wärmedurchgangskoeffizienten:											
Oberer Kondensator: obere Längsohre		7420	6360	2500	4650	4840	4580	4770	4180	3650	3270
Oberer Kondensator: Querrohre		4220	3770	3400	3110	2140	3000	2910	2730	2280	2100
Oberer Kondensator: untere Längsrohre		4870	4330	3790	3450	1930	2680	3390	3210	2830	2640
Oberer Kondensator: gesamter oberer Kondensator		5380	4740	4070	3680	2800	3300	3650	3340	2910	2660
Gesamter unterer Kondensator		370	905	935	870	—	—	310	520	540	520
» Kondensator		3480	3280	2870	2620	1760	2080	2380	2260	2000	1850
Belastung des Kondensators:											
Stündl. Dampfmenge auf 1 qm Kühlfläche	kg/qm	63,5	63,4	63,9	64,3	39,0	38,6	38,5	38,5	38,4	39,0
» Wärmemenge in 1 qm »	WE/qm	37 800	37 400	37 300	37 100	22 500	22 250	22 250	21 900	22 100	22 200

6. Weitere Versuche.

Daß die Höhe der erreichten Luftleere noch keinen Maßstab für die Güte des Kondensators bildet, möge an einigen Versuchen gezeigt werden, die von einer als hervorragend bekannten Fabrik für Dampfturbinen und Kondensationsanlagen mitgeteilt wurden (s. Tabelle 10). Die erzielte Luftleere betrug 97 v. H., war also sehr hoch; dennoch ergibt sich bei näherer Beurteilung der Versuche, daß die Anlage unwirtschaftlich arbeitet. Schon bei der größten Dampfmenge zeigt sich, daß der Kondensator das Doppelte der theoretisch nötigen Kühlwassermenge verbraucht hat. Dieser Mehrbetrag steigt bereits auf das Dreifache, wenn die Dampfmenge auf 3500 kg/Std. ermäßigt wird. Die Versuche zeigen also, daß die hohe Luftleere nur bei einem unverhältnismäßigen

Tabelle 10.

Versuch mit einem Oberflächenkondensator gewöhnlicher Bauart.

Kühlfläche	qm		175	
Dampfmenge	kg/Std	5 800	3 500	850
Luftleere	vH	96,4	97,0	97,6
Druck beim Eintritt in den Kondensator	Atm. abs.	0,036	0,030	0,024
Temperatur beim Dampfeintritt	°C	27,0	24,0	(20,0)
» des Kondensates	»	20,5	14,5	8,5
» beim Kühlwassereintritt	»	9,5	9,5	7,5
» » Kühlwasseraustritt	»	15,5	13,0	8,5
Wärmeentziehung auf 1 kg. Dampf	WE/kg[1])	587	591	596
Spezifischer Kühlwasserverbrauch		98	169	596
» » des idealen Kondensators		33,5	40,7	47,7
Mehrverbrauch gegenüber dem idealen Kondensator	vH	192	316	1150
Wärmedurchgangkoeffizient		1 365	945	240

1) Eintretender Dampf als trocken gesättigt angenommen.

Aufwand an Kühlwasser erreicht wurde. Die Anlage ist deshalb als unwirtschaftlich anzusehen, weil die Bewältigung der Kühlwassermengen eine sehr große Kühlwasserpumpe voraussetzt, die infolge der großen Wassergeschwindigkeit und der daraus sich ergebenden Widerstsandshöhen einen erheblichen Arbeitsbedarf hat.

In Tabelle 11 sind Versuchsergebnisse an einer Schiffskondensation mitgeteilt, die vom Verfasser auf einem Turbinenschiff gewonnen wurden. Die erreichte Luftleere betrug nur 82 v. H., und es ist interessant, aus den Versuchen festzustellen, weshalb nur ein so niedriger Wert erreicht wurde. Die spezifische Kühlwassermenge berechnet sich nämlich zu etwa 21, und der Grund, warum die Umlaufpumpe (Kreiselpumpe) nur eine so geringe Menge förderte und fördern konnte, liegt in den als sehr erheblich ermittelten Widerständen des Kondensators und der Kühlwasserleitung. Die Anlage war offenbar entworfen, ohne daß man über die Strömungswiderstände des Wassers im Kondensator und in der Rohrleitung Anhaltspunkte hatte. Der Arbeitsbedarf der Umlaufpumpe berechnet sich zu etwa 70 PS, und dieser Wert stellt etwa die Größe der Antriebsmaschine für die Kühlwasserpumpe dar, die man in solchen Fällen zu wählen pflegt. Wollte man die doppelte Kühlwassermenge durch den Kondensator und durch die Kühlwasserleitungen drücken, so müßte man die Leistung der Antriebsmaschine von 70 auf rd. 300 erhöhen, da die Widerstände mit dem Quadrat der Geschwindigkeit anwachsen.

Die Versuche zeigen deutlich, daß es nicht wirtschaftlich ist, mit der Kühlwassergeschwindigkeit in den Rohrleitungen und im Kondensator beliebig hoch zu gehen. Enge Kühlwasserleitungen

Tabelle 11.

Versuch mit der Oberflächenkondensation eines Turbinendampfers.

Kühlfläche	qm	565
Temperatur: Dampfeintritt	°C	56,8
» Kühlwassereintritt	»	15,1
» Kühlwasser Mitte Kondensator	»	23,0
» Kühlwasseraustritt	»	39,7
Abs. Kondensatorspannung	mm Hg	134
» »	kg/qcm	0,182
Luftleere	vH	82
Sättigungstemperatur entsprechend der Kondensatorspannung	°C	57,5
Kühlwassermenge	kg/Std.	1 490 000
Dampfmenge	rd. »	70 000
Spez. Kühlwassermenge		21,1
Wärmedurchgangkoeffizient		2 340
» oberer Teil des Kondensators		3 500
» unterer Teil des Kondensators		1 100
Minutliche Umlaufzahl der Kühlwasserpumpe		208
Dynamischer Widerstand insgesamt	m W. S.	8,0
» » des Kondensators	»	2,5
» » der Kühlwasserleitungen	»	5,5
Geschwindigkeit des Kühlwassers in der Rohrleitung	m/sec	2,29
» » » im Kondensator	»	1,68
Effektive Leistung der Kühlwasserpumpe	PS	44
Arbeitsbedarf der Kühlwasserpumpe berechnet	rd. »	70

sind zwar im Interesse von Raumersparnis günstig, dafür wachsen auf der anderen Seite aber Größe, Raum und Arbeitsbedarf der Kühlwasserpumpe; vor allen Dingen wird auch infolge der sehr großen hydraulischen Widerstände die zu überwindende Druckhöhe der Kühlwasserpumpe sehr groß, so daß die Leitungen nur bei entsprechend bemessener Wandstärke betriebssicher sind.

7. Oberflächenkondensationsanlagen bis zum Jahre 1910.

In Fig. 35 ist eine Kondensationsanlage für 1600 kg/Std. Dampf in einer Ausführung dargestellt, die von den Erbauern gewöhnlich als Gleichstromkondensation bezeichnet wird. Das Kühlwasser tritt unten in den Kondensator ein und verläßt ihn oben nach einem Hin- und einem Hergang; Luft und Kondensat werden durch eine Naßluftpumpe unten abgesogen.

Fig. 36 und 37 stellen eine Kondensationsanlage in Verbindung mit einer Dampfturbine dar, welche gewöhnlich als Gegenstromkondensation bezeichnet wird. Das Kühlwasser tritt an der Seite des Kondensators ein und an demselben Ende gegenüber etwas höher aus; es legt gewöhnlich vier Wege im Kondensator zurück, wie in Fig. 36 rechts angedeutet. Die Luft wird an der kältesten Stelle, also bei Kühlwassereintritt durch eine besondere Trockenluftpumpe, abgesaugt, das Kondensat dagegen wird unten aus dem Kondensator entnommen, also an einer Stelle, wo das Kühlwasser bereits erwärmt ist; man fördert es mit einer Temperatur, die in der Nähe der Sättigungstemperatur des eintretenden Dampfes liegt. Die Wasserwege sind aber sehr unvorteilhaft verteilt; denn da, wo der Dampf kondensiert, also große Wärmemengen übergehen, hat das Kühlwasser geringe Geschwindigkeit und daher geringe Aufnahmefähigkeit; da, wo Luft gekühlt wird, also wenig Wärme aufzunehmen ist, ist es umgekehrt. Man beachte beispielsweise an dieser Anlage den großen Raumbedarf des Oberflächenkondensators im Verhältnis zur Dampfturbine; in dieser Beziehung ist die Anlage typisch.

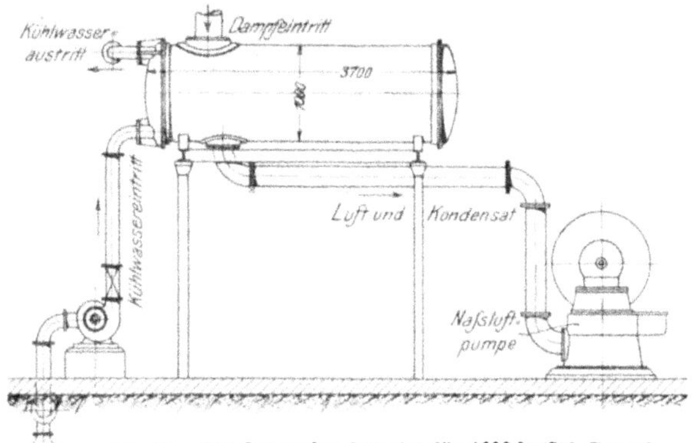

Fig. 35. **Gleichstromkondensator für 1600 kg/Std. Dampf.**

Die Unterscheidung zwischen Gegenstrom- und Gleichstromkondensator ist eigentlich ungerechtfertigt. Berücksichtigt man die Vorgänge im Kondensator, dann ist es für den größeren Teil des Kondensators, in dem die eigentliche Kondensation des Dampfes stattfindet, gar nicht möglich, Gegenstrom oder Gleichstrom zu unterscheiden; denn hier ist auf der Dampfseite der Kühlfläche überall die gleiche, nämlich die Sättigungstemperatur vorhanden, und nur auf der andern Seite, der Wasserseite, steigt die Temperatur. Von Gegenstrom aber kann man nur reden, wenn sich das wärmeabgebende Mittel entsprechend abkühlt. Es ist daher für den Raum, in dem der Dampf kondensiert, gleichgültig, in welcher Richtung zum Dampfstrom das Kühlwasser bewegt wird.

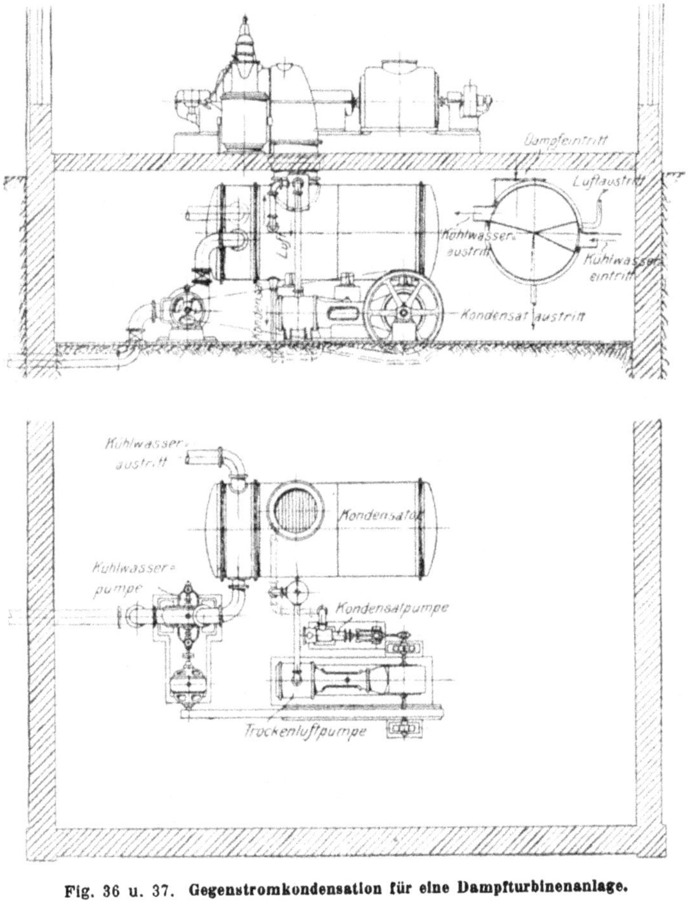

Fig. 36 u. 37. **Gegenstromkondensation für eine Dampfturbinenanlage.**

Dagegen muß in jedem richtig gebauten Kondensator stets Gegenstrom vorhanden sein für den kleineren Teil, in dem die Kondensationserzeugnisse abgekühlt werden sollen; Luft und Kondensat müssen also unbedingt im Gegenstrom zum Kühlwasser geführt werden, und die Luft muß stets an der kältesten Stelle abgesaugt werden. Es ist meines Erachtens daher unnötig, für die Dampfführung besondere und verwickelte Einrichtungen zu treffen, wie dies beispielsweise die Engländer mit ihrem Contraflo versucht haben. Denn hierdurch wird der Strömungswiderstand

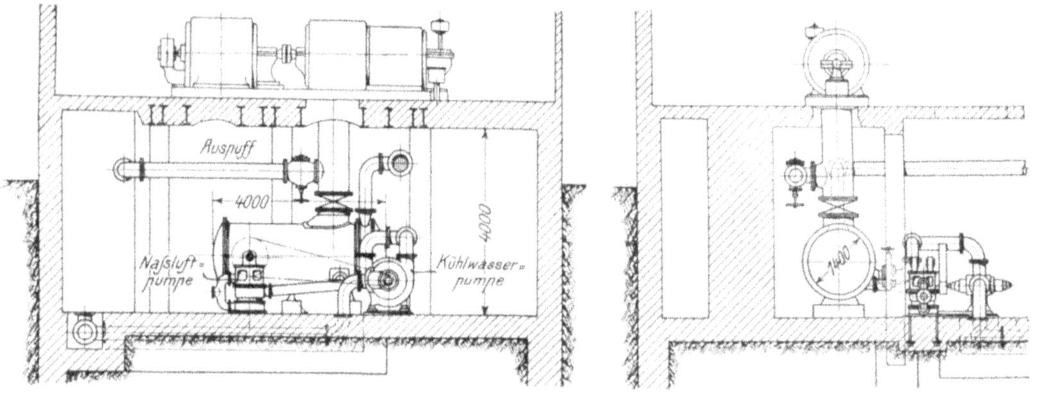

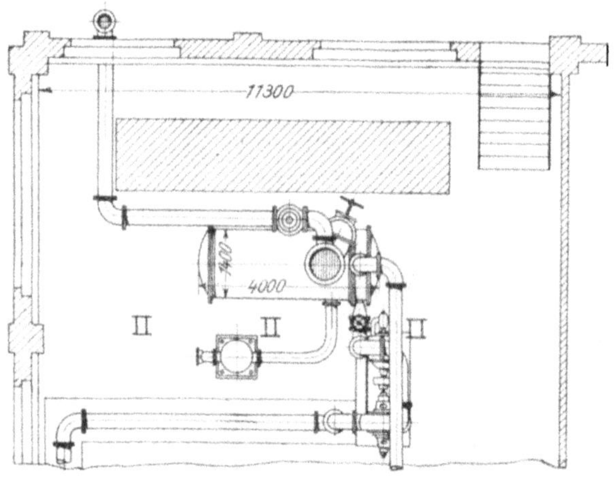

Fig. 38 bis 40. **Oberflächenkondensation. 8000 kg stündliche Dampfmenge; Eintrittstemperatur des Kühlwassers 25°; Luftleere 93 v. H.**

des Dampfes im Kondensator erhöht, und es entsteht ein Druckunterschied zwischen Dampfeintritt und Luftaustrittstelle. Bei den hohen Luftleeren der Dampfturbinen muß dies unbedingt vermieden werden und ist auch zu vermeiden.

Da von den Erbauern der eben vorgeführten Kondensationsanlagen Daten zu ihrer Beurteilung nicht zu erlangen waren, so bin ich nicht in der Lage, ihre Leistungsfähigkeit zu beurteilen.

Zum Vergleich mit diesen älteren Anlagen gebe ich in Fig. 38 bis 40 eine neuere Kondensationsanlage wieder, die in Berlin im Betrieb ist und auf Grund der besprochenen Versuche unter meiner Mitwirkung von Pape, Henneberg & Co., Hamburg, gebaut worden ist. Aus dem Vergleich mit der Turbine ist zu bemerken, daß der Raumbedarf des Oberflächenkondensators gegenüber den vorher beschriebenen Anlagen wesentlich beschränkt werden konnte. Der Kondensator ist mit einem Wärmeübergangskoeffizienten von 2700 gebaut und liefert bei rückgekühltem Wasser gleich der 60 fachen Dampfmenge mit einer Eintrittstemperatur von 25° eine Luftleere von 93 v.H., im Kondensator gemessen. Man ist bei der Bemessung des Wärmeübergangskoeffizienten sehr sicher gegangen; ohne weiteres hätte ein Koeffizient von 3000 bis 3500 zugelassen werden können. Allerdings erfordert die Erzielung solcher Wärmedurchgangskoeffizienten besondere konstruktive Maßnahmen im Innenausbau des Kondensators, über die zu verbreiten nicht meine Absicht ist. Daß man tatsächlich noch höhere Leistungen erzielen kann, ist an der oben erwähnten Kondensationsanlage der 200 KW-AEG-Turbine zu ersehen.

Fig. 41 und 42 zeigt einen Oberflächenkondensator, der nach meinen Entwürfen für S. M. kleinen Kreuzer »Mainz« gebaut worden ist, und der sich im Betriebe bestens bewährt hat.

Beim Entwurf der Oberflächenkondensatoren ist noch einem Umstande Rechnung zu tragen, das ist die Beschaffenheit des Kühlwassers. Bei Rückkühlanlagen macht man die Beobachtung, daß das Wasser beim Kreislauf verschmutzt wird, und man hat hier sogar schon Reinigungsanlagen

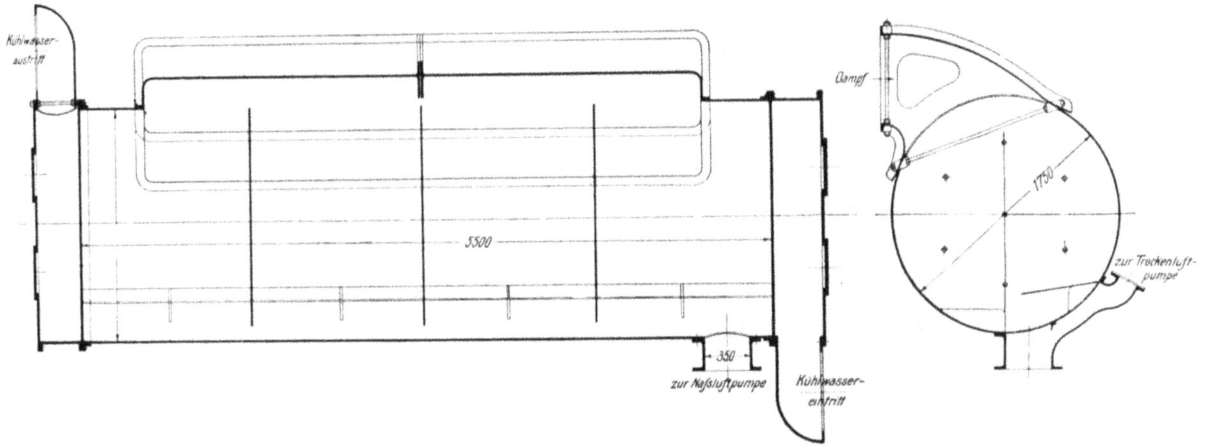

Fig. 41 u. 42. Oberflächenkondensator für S. M. kleinen Kreuzer „Mainz“.

eingebaut. Das vermehrt die Anlagekosten erheblich. Die Möglichkeit der Verschmutzung der Kühlröhren, wodurch ihre Wärmeübertragungsfähigkeit verschlechtert wird, wird meines Erachtens durch Erhöhung der Wassergeschwindigkeit in den Röhren, die ja auch günstig auf den Wärmeübergangskoeffizienten einwirkt, vermindert.

8. Neuere Kondensationsanlagen mit Luftabsaugevorrichtungen durch Strahlwirkung.

Wie aus den früheren Betrachtungen folgt, ist das bei einem bestimmten stündlichen Luftgewicht aus dem Kondensator abzusaugende Luftvolumen um so größer, je höher die im Kondensator herrschende Luftleere ist. Wird daher ein sehr hohes Vakuum verlangt, so kommt man bei getrennter Absaugung von Luft und Kondensat zu Abmessungen der Luftpumpe, die unbequem groß werden können. Daher hat Verfasser in den letzten Jahren unter Mitwirkung von Herrn Dr.-Ing. Gensecke Kondensationsanlagen ausgebildet, bei welchen die Strahlwirkung von Wasser oder Dampf zur Absaugung der gasförmigen Bestandteile aus dem Kondensator benutzt wird. Die Absaugung erfolgt durch Strahlapparate, die imstande sind, bei verhältnismäßig kleinen Abmessungen sehr große Volumina zu fördern, so daß bei Anwendung von Strahlapparaten die höchsten Luftleeren erreicht werden können. Es wird in erster Linie das strömende Kühlwasser benutzt, für welches bei Oberflächenkondensationen ohnedies eine Zirkulationspumpe vorhanden sein muß, ferner in gewissen Fällen ein Dampfstrahl in Verbindung mit dem Kühlwasserstrom oder ein Dampfstrahl allein.

Die Spannungsenergie des strömenden Mediums wird zunächst in bekannter Weise durch eine Düse in Strömungsenergie verwandelt. Aus eingehenden Versuchen über die Strömungsverluste bei Dampfdüsen hat sich ergeben, daß dies bei Dampf mit sehr hohem Wirkungsgrad möglich ist. Ebenso liegen die Verhältnisse bei Wasser. Der Druck sinkt in der Düse auf einen Betrag, der niedriger als die Kondensatorspannung ist, so daß eine Mischung des strömenden Mediums mit dem abzusaugenden Luft- und Dampfvolumen stattfindet. Hierbei tritt eine gewisse Störung des Strömungsvorganges durch unelastischen Stoß ein, der eine Geschwindigkeitsverminderung zur Folge hat. Da von uns der ganze Kühlwasserstrom, also eine sehr große Wassermenge im Verhältnis zur abzusaugenden Gasmenge verwendet wird, so ist die Einbuße an Ge-

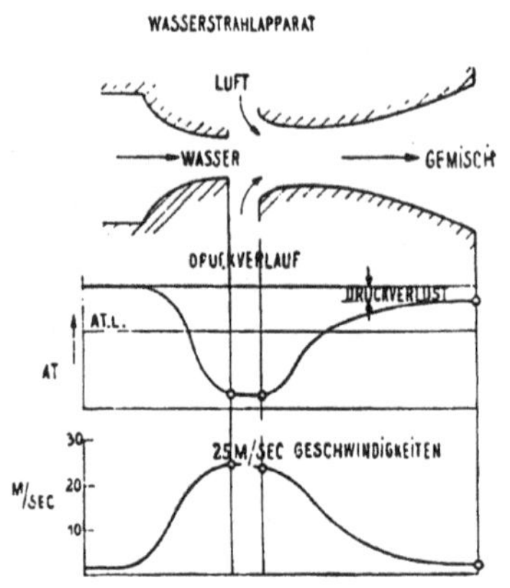

Fig. 43.

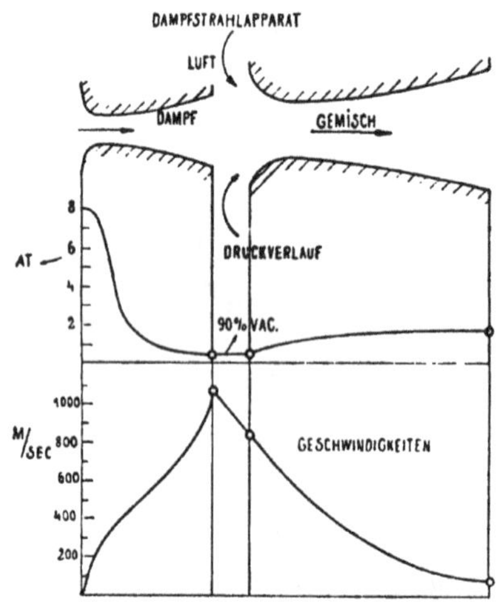

Fig. 44.

schwindigkeit durch die Mischung sehr gering. Der Vorteil der Verwendung der ganzen Kühlwassermenge liegt in den dann zur Verfügung stehenden großen Querschnitten, die sich nicht verstopfen können, und in einer mäßigen Strömungsgeschwindigkeit. Bei anderen Strahlabsaugungen werden geringe Wassermengen mit sehr hohen Geschwindigkeiten angewendet, die nicht nur kleine Öffnungen erfordern, die sich leicht verstopfen, sondern wegen des höheren Druckes auch eine besondere Pumpe zur Erzeugung des Strahles benötigen. Wir benutzen nur die ohnedies vorhandene Kühlwasserumlaufpumpe und den Kühlwasserstrom. Nach der erfolgten Mischung wird durch einen Diffusor die Strömungsenergie wieder in Spannungsenergie verwandelt, die das Medium befähigt, einen gewissen Druck zu überwinden.

Wenn auch das Prinzip der Strahlförderung und der Verwendung des Kühlwassers dazu schon länger bekannt ist, so hängt ihre wirtschaftliche Brauchbarkeit doch von einer gewissen Leistungsfähigkeit ab. Der Wirkungsgrad einer Düse kann sehr hoch angenommen werden, der des Diffusors dagegen ist bis jetzt sehr schlecht gewesen. Die Düse wird von Druckwasser durchströmt, dabei gilt die Kontinuitätsgleichung. (Fig. 43.)

$$F \cdot w = \text{const.}, \quad \text{da} \quad \gamma = \text{const.}$$

Der Diffusor hat die Aufgabe der Förderung eines Gemisches von Wasser und Luft, also eines bis zu einem gewissen Grade kompressibelen Gemisches. Hier gilt

$$\underbrace{G_w \cdot V_w}_{\text{const}} + \underbrace{G_l \cdot V_l}_{\text{variabel}} = F \cdot w$$

Dies ist bei der Querschnittentwicklung zu beachten. Die theoretische Vorausberechnung des Diffusors ist nur auf Grund von eingehenden Versuchen möglich, da Verlustkoeffizienten nur auf diese Weise festzustellen sind. Der Diffusor ist das schwierigste Element jedes Strahlapparates.

Die Mischung von Wasser und Luft muß möglichst vollkommen und innig sein. Selbst bei vollkommenster Ausbildung des Strahlapparates ist der Wirkungsgrad dennoch gering, weil die Verluste, die bei der Energieumsetzung des Wassers auftreten, groß sind gegenüber der eigentlichen Luftförderarbeit.

Beispielsweise betrage die Wassermenge 100 cbm = 100 000 kg, die zu fördernde Luftmenge 5 kg, hieraus ergibt sich das Gewichtsverhältnis

$$\frac{G_l}{G_w} = \frac{5}{100\,000} = 0{,}05\,\%_0.$$

Die Beimischung von Luft an das strömende Wasser bewirkt kaum eine Geschwindigkeitsänderung. Als Verluste treten fast ausschließlich solche auf, die durch Reibung und Wirbelung des Wassers hervorgerufen werden. Allgemein gilt für Strahlapparate jeder Art, daß ihr Wirkungsgrad um so ungünstiger ist, je größer die Differenz der spezifischen Gewichte von treibendem und getriebenem Medium ist.

Daher ist beim Dampfstrahlapparat zur Förderung von Luft ein besserer Wirkungsgrad zu erwarten, da die spezifischen Gewichte von Dampf und Luft, wenn auch nicht gleich, so doch von annähernd der gleichen Größenordnung sind.

Der Arbeitsvorgang der Dampfstrahlluftpumpe ist daher grundsätzlich von anderen Gesichtspunkten zu betrachten und zu entwerfen. Zunächst sei davon abgesehen, daß sowohl treibendes wie getriebenes Medium kompressibel sind.

Die Geschwindigkeiten sind wesentlich größer als beim Wasserstrahlapparat, während bei Wasser etwa 20 bis 30 m/sec. in Betracht kommen, betragen sie bei Dampf 800 bis 1200 m/sec.

Der Hauptverlust beim Dampfstrahlapparat wird hervorgerufen durch die Beimischung der Luft, wobei eine Geschwindigkeitseinbuße erfolgt durch die bei der Mischung auftretende Stoßwirkung. Damit im Diffusor die Rückverwandlung in Druckenergie eine vollkommene ist, soll die Strömung durch die Beimischung der Luft möglichst wenig gestört werden. Richtige Gestaltung des Diffusors setzt infolge der hohen auftretenden Geschwindigkeiten große Erfahrung voraus.

In Fig. 44 ist das Geschwindigkeitsdiagramm des Dampfstrahlapparates dargestellt. Das Gewichtsverhältnis ist hier

$$\frac{G_l}{G_d} \sim 0{,}1 = \sim 10\%_0, \text{ d. h, auf 10 kg Dampf 1 kg Luft}$$

gegenüber ca. 0,05 v. H. beim Wasserstrahlapparat.

Der Dampfstrahlapparat erzielt praktisch tatsächlich höheren Wirkungsgrad als der Wasserstrahlapparat.

Bei der Ausbildung der Strahlpumpen ist zu beachten, daß der eigentliche Pumpvorgang in der Umsetzung kinetischer Energie in Druckenergie besteht.

Es ist uns gelungen, den Diffusorwirkungsgrad durch geeignete Ausbildung und Abmessung so weit zu steigern, daß die Rückverwandlung in Spannungsenergie mit verhältnismäßig geringeren Verlusten möglich ist, und daß mit dem Diffusor erhebliche Druckgefälle überwunden werden können. Wir waren daher als erste in der Lage, den aus dem Diffusor austretenden, mit der abgesaugten Luft beladenen Kühlwasserstrom ohne weiteres nicht nur durch den Kondensator hindurchzujagen, sondern das Kühlwasser auch auf Rückkühlwerke usw. hochzudrücken. Eine solche Einrichtung erfordert bei derselben abgeführten Luftmenge jedenfalls nicht mehr Energie als rotierende Luftpumpen und ist von sonst nicht erreichter Einfachheit und Betriebssicherheit.

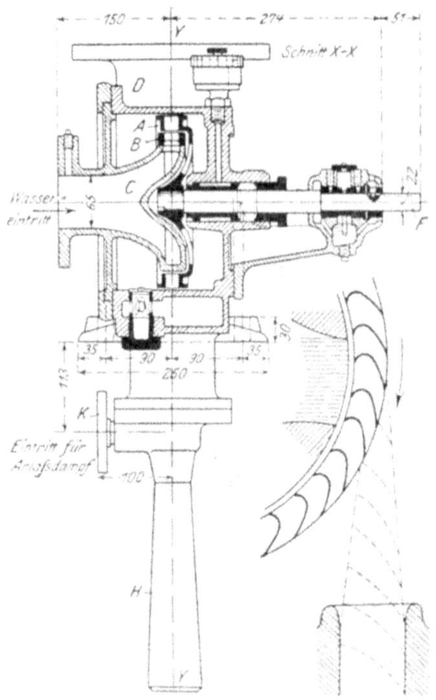

Fig. 45.

Wie schon erwähnt, kann man eine gewisse Luftmenge aus dem Vakuum abführen, indem man entweder einer kleinen Wassermenge eine sehr große Geschwindigkeit gibt, oder indem man eine große Wassermenge mit geringerer Geschwindigkeit strömen läßt. Der erstere Weg wird von den rotierenden Pumpensystemen befolgt, die in einem Schleuderrad durch Zentrifugalwirkung den Strahl erzeugen und die dadurch den Nachteil kleiner Strömungsquerschnitte und besonderer rotierender Maschinen zur Erzeugung der hohen Strahlgeschwindigkeit in den Kauf nehmen müssen. Der sich daran anschließende Pumpvorgang ist in beiden Fällen der gleiche. Die Erzeugung der Geschwindigkeitsenergie in der Düse geschieht mit außerordentlich hohem Wirkungsgrad und mit mechanisch außerordentlich einfachen Mitteln. Der Wirkungsgrad ist jedenfalls höher als bei dem Schleuderrad.

Das Wasser tritt aus dem Schleuderrad bei weitem nicht in so regelmäßigem Strome aus, wie aus der Düse. Infolge der höheren hydraulischen Verluste müssen Pumpen mit Schleuderrad mit höheren Wassergeschwindigkeiten arbeiten als Strahlpumpen mit Düsenwirkung.

Der Vorteil der Strahlpumpen mit Schleuderrad besteht in der guten Zerteilung des Wassers, also in der Schaffung einer großen Berührungsoberfläche zwischen Wasser und Luft. Die Bildung sogenannter Wasserkolben besteht nur in der Theorie, das Vorhandensein derartiger Wasserkolben hätte praktisch auch keine weitergehende Bedeutung.

Vertreter dieses zweiten Pumpentyps (Schleuderradpumpen) sind die Westinghouse-, Leblanc-Pumpe (s. Fig. 45), die Pfleidererpumpe.

Der gegenwärtige Stand der Leistungsfähigkeit beider Typen ist der, daß pro 1 PS aufgewendeter Energie ungefähr die gleiche Luftmenge gefördert wird. Aus objektiv durchgeführten Versuchen geht dies hervor.

Versuche, die brauchbar sein sollen, setzen vor allem exakte Messung des Vakuums voraus, und es ist vielleicht angebracht, an dieser Stelle auf die Schwierigkeit der exakten Messung insbesondere hoher Vakua hinzuweisen.

Die Anwendung von Quecksilberinstrumenten bietet noch keine Gewähr für Richtigkeit der Messung. Die Durchführung der Messung kann erfolgen, indem entweder

a) das Vakuum und der Barometerstand getrennt bestimmt werden;

b) durch direkte Messung des absoluten Druckes (s. Fig. 46).

Fehler entstehen, wenn

1. Luft über dem Hg,
2. Wasser über dem Hg.

Der größere Fehler entsteht meist durch Anwesenheit von Wasserspuren, wobei über dem Hg keine absolute Leere, sondern der Sättigungsdruck des Wasserdampfes herrscht. Die erforderliche Menge ist so gering, daß man sie mit dem bloßen Auge kaum erkennen kann.

Durch derartig unrichtige Messungen sind bei der Untersuchung von Kondensatoren bisweilen sogenannte Übervakua festgestellt worden, d. h. Vakua, die besser

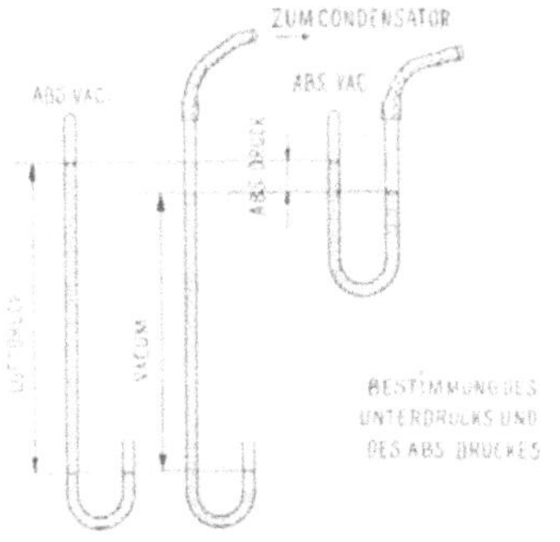

Fig. 46.

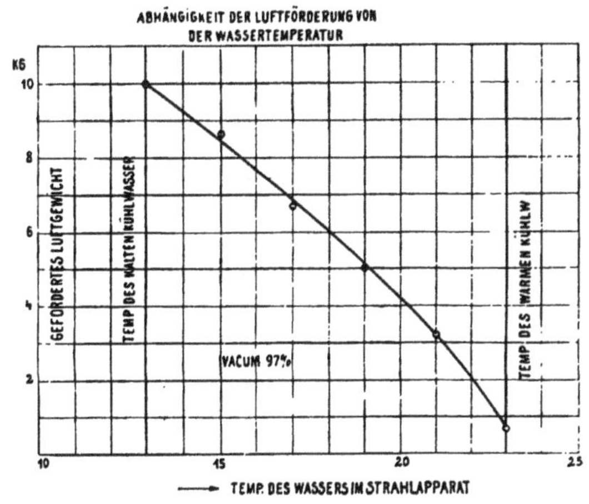

Fig. 47.

sind, als es theoretisch überhaupt möglich ist. Es ist auch allen Ernstes in der Literatur behauptet worden, daß derartige Übervakua eine hervorragende Eigenschaft von Anlagen seien, die mit Schleuderluftpumpen nach einem bekannten System ausgestattet sind. Tatsächlich sind derartige Ergebnisse immer auf falsche Vakuummessungen zurückzuführen. Es hat sich auch stets herausgestellt, daß das sogenannte Übervakuum verschwindet, sobald man richtig mißt.

Die rotierenden Pumpen, die ihr Betriebswasser ansaugen, versagen beim Sinken des Vakuums unter einen gewissen Betrag dadurch, daß die Wassersäule abreißt. Dies ist bei unserer Einrichtung vollständig ausgeschlossen. Außerdem lassen sie das Arbeitswasser zirkulieren, wodurch sich dasselbe erwärmt, so daß in der Regel der Einbau von besonderen Kühleinrichtungen für das Wasser notwendig wird. Wichtig ist aber gerade die Temperatur des für die Förderung benutzten Wassers.

Die Erwärmung des Schleuderwassers der Schleuderstrahlpumpen um wenige Grade bewirkt schon eine erhebliche Verschlechterung der Luftlieferung. Auch wenn das Schleuderwasser kaltes Zusatzwasser erhält, ist seine Temperatur doch erheblich höher als das kalte Kühlwasser.

Darin ist ein grundsätzlicher Nachteil zu erblicken. In wie erheblichem Maße insbesondere bei hohen Vakua die Temperatur des Betriebswassers die Leistungsfähigkeit beeinflußt, zeigt Fig. 47.

Düsenwasserstrahlapparate, die mit voller Kühlwassermenge betrieben werden, arbeiten häufig unter verhältnismäßig ungünstigen Umständen, wenn der Strahlapparat nicht an die Atmosphäre fördert, sondern noch erhebliche statische und dynamische Widerstände zu überwinden hat, wie dies beispielsweise beim Betrieb mit rückgekühltem Wasser der Fall ist, wo das Kühlwasser auf den Kühlturm gehoben werden muß. Es muß hierzu bemerkt werden, daß es uns gelungen ist, die Strahlapparate so zu vervollkommnen, daß erhebliche Gegendrücke anstandslos überwunden werden, ohne daß bei diesen hohen Gegendrücken ein merklicher Mehraufwand an Energie erforderlich wäre. Die größte bei bisher ausgeführten Anlagen zu überwindende Überdruckhöhe beträgt 11 m Wassersäule.

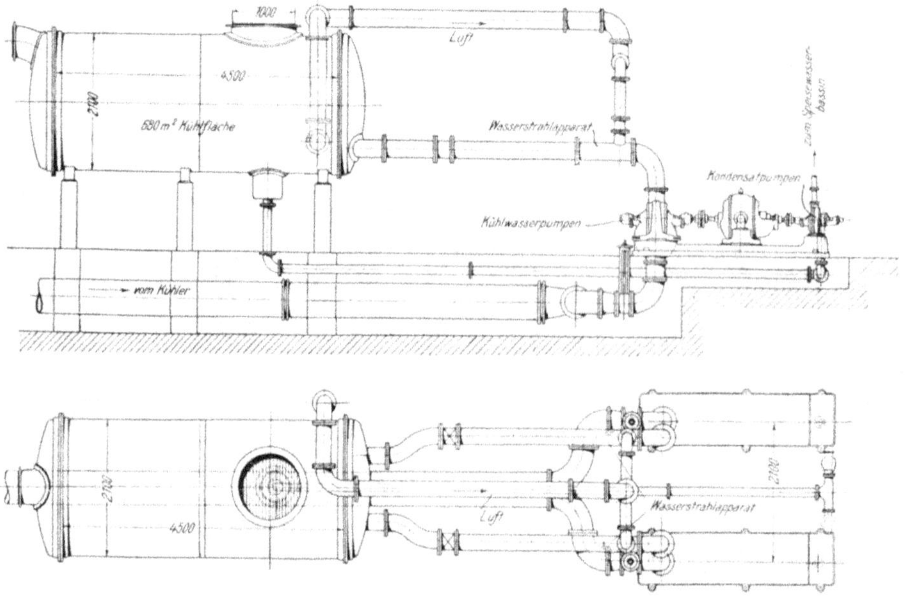

Fig. 48 u. 49. Kondensationsanlage auf Zeche Maßen. (Schwarz & Co. A.-G.)

Der normale Druckverlust, der in dem Düsenstrahlapparat auftritt, beträgt etwa 7 m Wassersäule, jedoch sind auch Anlagen in Betrieb, bei denen trotz eines zu überwindenden Gegendruckes von 6 bis 7 m Wassersäule nur 5 m Druckverlust in dem Strahlapparat ausreichend sind, um die Luft aus dem verlangten hohen Vakuum abzusaugen. Bei Anlagen, bei denen das Wasser frei ablaufen kann, ist der Druckverlust sogar noch erheblich geringer und beträgt, wie Messungen an der kürzlich in Betrieb gekommenen sehr großen Anlage »Mark« zeigen, nur ca. $4\frac{1}{2}$ m Wassersäule.

Was den Düsenstrahlapparat bezüglich der Betriebssicherheit besonders auszeichnet, ist die Tatsache, daß ein Versagen unter keinen Umständen eintreten kann. Selbst wenn durch irgendwelche Zufälle ein Lufteintritt in den Kondensator stattfindet, der ein Vielfaches der normalen Luftmenge ist, so wird dadurch der Betrieb in keiner Weise gefährdet. Zwar sinkt das Vakuum. Das ist aber bei allen Luftfördereinrichtungen, welcher Art sie auch sein mögen, der Fall. Keinesfalls kann bei der Verwendung von Düsenstrahlapparaten eine Unterbrechung der Luftabsaugung eintreten, was bei manchen Systemen mit Schleuderluftpumpen der Fall ist.

Es wird vielfach behauptet, daß zwischen der Luftförderung von Schleuderluftpumpen und Düsenstrahlpumpen erhebliche Unterschiede bestehen. Allgemein kann diese Frage überhaupt nicht beantwortet werden, da sie mit der Konstruktion und Dimensionierung aufs engste zusammenhängt. Es gibt gute Schleuderpumpen und schlechte Düsenstrahlapparate, umgekehrt aber auch schlechte Schleuderpumpen und gute Düsenstrahlapparate.

Ein Mangel bei den meisten Systemen der Schleuderluftpumpen ist der, daß die normale Luftlieferung nur dann erreicht wird, wenn die Pumpe entsprechend eingestellt ist. Die Einregelung erfolgt durch Drosseln der Saugleitung. Durch eine derartige Maßnahme wächst aber

Fig. 50. **Kondensationsanlage auf Zeche Maßen.**

meist die Gefahr, daß bei anormal starkem Lufteintritt ein Abreißen der Saugsäule stattfindet.

Versuche darüber sind in der Literatur nicht mitgeteilt. Mir ist aber ein Beispiel bekannt, bei dem die Luftförderung pro 1 PS Leistungsaufwand weniger als ein Drittel der normalen beträgt, wenn die Saugleitung der Schleuderpumpe n i c h t gedrosselt ist. Dabei ist die bei bester Einstellung geförderte Luftmenge keinesfalls höher als man sie mit guten Düsenstrahlapparaten auch erzielen kann.

In Fig. 48 und 49 ist eine Oberflächenkondensation System Josse-Gensecke mit Luftabführung ausschließlich durch das strömende Kühlwasser dargestellt. Die von Louis Schwarz & Co. gebaute Kondensationsanlage ist an eine 2500 KW-Frischdampfturbine von Schüchtermann & Kremer auf Zeche Maßen bei Unna angeschlossen. Die stündlich niederzuschlagende Dampfmenge beträgt 16 000 kg, die Kühlwassermenge 900 cbm in der Stunde. Es sind zwei

Kreiselpumpenaggregate für je 450 cbm vorhanden, damit bei geringerer Belastung eine Pumpe abgestellt werden kann. In der Druckleitung jeder Pumpe ist ein Wasserstrahlapparat angebaut. Außerdem kann die Kühlwassermenge auch noch durch einen in jedem Strahlapparat verschiebbaren Konus verändert werden. Es werden bei rückgekühltem Wasser 95 v. H. Vakuum erreicht.

Fig. 50 zeigt den Einbau dieser Anlage.

Eine Anlage gleicher Leistung befindet sich auf dem Kaliwerke Hattorf bei Philippsthal a. d. Werra in Betrieb. Ein Elektromotor treibt die Kühlwasserumlaufpumpe und die Kondensatpumpe an. In der Kühlwasserdruckleitung vor dem Kondensator liegt der Strahlluftsauger, der die Luft aus dem Kondensator absaugt und mit dem Kaltkühlwasser mischt und dieses durch den Kondensator hindurch unmittelbar auf das Rückkühlwerk drückt (s. Fig. 51).

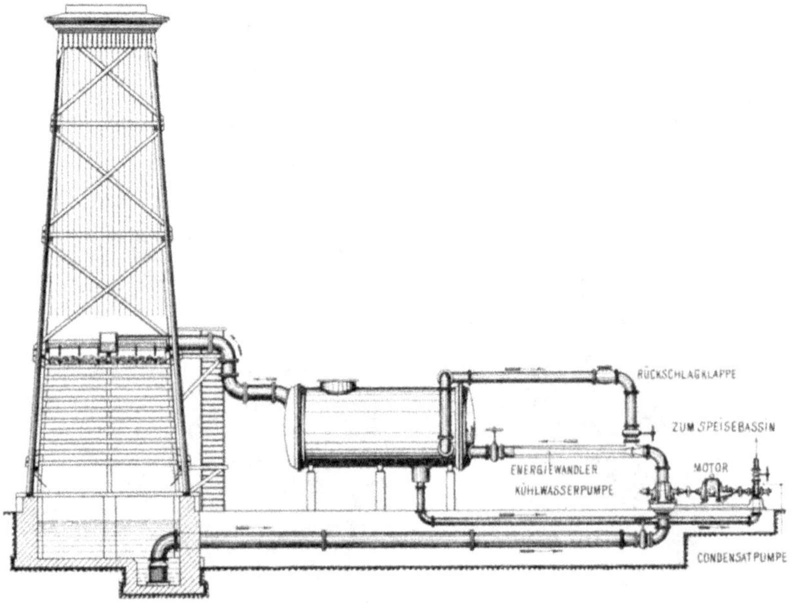

Fig. 51. **Kondensationsanlage auf Kaliwerk Hattorf. (Schwarz & Co. A.-G.)**

Bei dem Elektrizitätswerk Dortmund (Fig. 52) handelt es sich um zwei Anlagen für je 50 000 kg Stundendampf. Das mit der zu fördernden Luft beladene Kühlwasser wird durch die Kondensatoren hindurch unmittelbar auf den Kühlturm gedrückt.

Der Strahlapparat kann natürlich auch in die Kühlwasserleitung hinter dem Kondensator oder auch in den Kondensator hineingelegt werden. In letzterem Fall wird von uns eines der Kühlrohre als Wasserstrahlapparat ausgebildet, und es fallen bei dieser Anordnung Strömungsverluste beim Absaugen der Luft überhaupt fort.

Bei einer in normalem Betrieb befindlichen Dampfturbine, bei welcher die Stopfbüchsen ordnungsmäßig gedichtet sind, reicht diese Einrichtung mit einem Wasserstrahlapparat bei mäßigem Kraftverbrauch zur Abführung der Luft selbst aus dem höchsten Vakuum vollkommen aus. Die Einrichtung ist außerordentlich einfach. Sobald die Zentrifugalpumpe anläuft, beginnt das Absaugen der Luft. Größerer Lufteinfall bewirkt wohl ein Sinken des Vakuums, aber kein Abreißen der Luftförderungseinrichtung.

Es gibt aber in der Praxis zahlreiche Kondensationsanlagen, bei denen infolge besonderer Betriebsverhältnisse zeitweise größere Luftmengen abzuführen sind; beispielsweise bei Abdampfturbinen, Zentralkondensationen, ungenügender Ausführung der Dichtungen und Leitungen u. dgl.

Wenn es auch möglich ist, diese Luftmengen durch den Kühlwasserstrom abzuführen, indem man die Strömungsenergie des Wasserstrahles steigert, so führt dies doch dazu, daß für den Betrieb dauernd die Energie aufgewendet werden muß, welche für das Maximum der abzuführenden Luft in Betracht kommt. Hier ist besonders vorteilhaft, in Verbindung mit dem durch Kühlwasser betriebenen Wasserstrahlapparat einen Dampfstrahlapparat zu benutzen. Es ist bekannt,

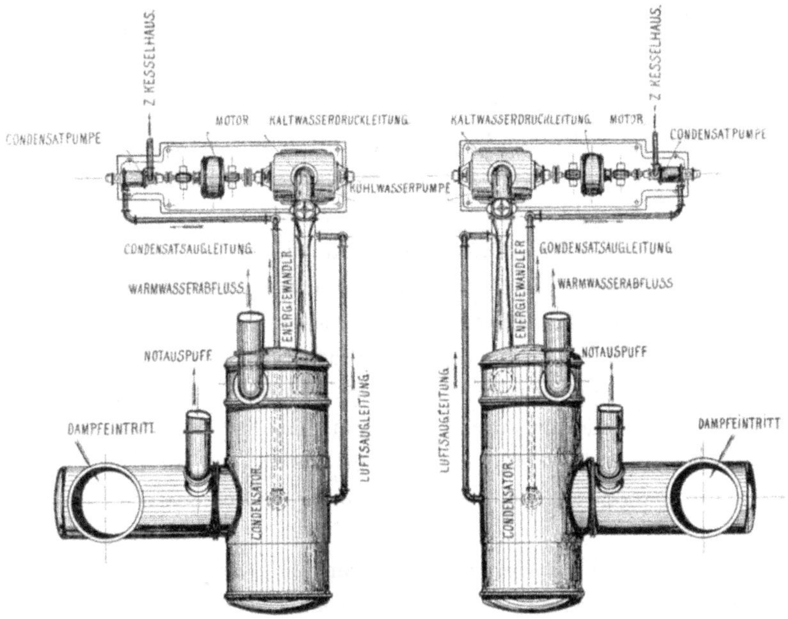

Fig. 52. Kondensation des Elektrizitätswerkes Dortmund. (Schwarz & Co. A.-G.)

daß der Dampfstrahlapparat in Verbindung mit der gewöhnlichen Kolbenluftpumpe von Parsons zuerst praktisch angewendet worden ist. Parsons bezeichnet den der Kolbenluftpumpe vorgeschalteten Dampfstrahlapparat als Vakuumvermehrer. Derartige kombinierte Luftförderungseinrichtungen sind mit Erfolg ausgeführt worden. Von weit größerem Vorteil ist die Anwendung eines Dampfstrahlapparates, wenn sie in Verbindung mit einem vom Kühlwasser betriebenen Wasserstrahlapparat geschieht. Die allgemeine Anordnung ergibt sich aus Fig. 53. Zunächst möge auf den grundsätzlichen Unterschied zwischen der Wirkungsweise des Dampfstrahlapparates und des Wasserstrahlapparates eingegangen werden. Die Charakteristik jeder Wasserstrahlpumpe (Düsenstrahlpumpe und Schleuderstrahlpumpe) ist ein mit zunehmender Luftmenge linear abfallendes Vakuum. Der Dampfstrahlapparat dagegen ist imstande, eine wachsende Luftmenge zu fördern, ohne daß das Vakuum überhaupt merklich fällt. Erst bei Überschreitung eines bestimmten Höchstwertes an Luftgewicht beginnt das Vakuum zu fallen. Diese Eigenschaft des Dampfstrahlapparates ist für die Anwendung bei Kondensationen außerordentlich wertvoll und eröffnet ihm gleichzeitig ein neues weiteres Verwendungsgebiet, das außerhalb des Kondensationsbaues liegt und neuerdings eine erhebliche Bedeutung gewinnt. Es ist dies das Gebiet der Kälteerzeugung in Wasserdampfstrahlmaschinen, insbesondere durch Abdampf.

Der Dampfstrahlapparat zeichnet sich durch eine außerordentlich große Luftlieferung aus. Kombiniert man einen Dampfstrahlapparat mit einem Wasserstrahlapparat derart, daß der Dampfstrahlapparat den ersten Teil der Kompression, der Wasserstrahlapparat die restliche Förderung übernimmt, so wird dadurch der Energiebedarf des Wasserstrahlapparates heruntergesetzt, und man hat nebenbei den Vorteil, daß selbst übernormale Luftmengen das Vakuum kaum merklich beeinflussen. Es kommt hinzu, daß man den Betrieb des Dampfstrahlapparates thermisch verlustlos dadurch machen kann, daß man die Abwärme des zum Betriebe des Strahlapparates dienenden Dampfes für die Vorwärmung des Kondensates des Hauptkondensators benutzt. Ein weiterer Vorteil dieser Kombination besteht darin, daß etwa nicht kondensierte Dampfteilchen von dem Wasserstrahlapparat ohne weiteres aufgenommen werden.

Gegen die Anwendung des Dampfstrahlapparates werden bisweilen Bedenken geltend gemacht. Einmal wird darauf hingewiesen, daß das ganze verwickelter wird. Bis zu einem gewissen Grade muß zugegeben werden, daß einige Teile mehr vorhanden sind, aber die Anordnung und Handhabung ist so einfach, daß keine Schwierigkeiten auftreten. Dabei ist zu beachten, daß irgend ein falsches Bedienen des Dampfstrahlapparates ausgeschlossen ist. Wird einmal vergessen, ihn anzustellen, so läuft die Anlage mit dem Wasserstrahlapparat allein.

Häufig wird nun die Kühlwasserumlaufpumpe durch eine Hilfsdampfturbine angetrieben, die etwa 7 bis 10 v. H. des Dampfverbrauchs der Hauptturbine benötigt, und deren Abdampf daher zur Vorwärmung oder in der Niederdruckstufe der Hauptturbine noch ausgenutzt wird. Letzteres ist zwar eine wirtschaftlich richtige Maßnahme, stellt aber die Exaktheit der Regulierung bei schwacher Belastung der Hauptturbine in Frage, da diese Dampfmenge der Einwirkung des Regulators entzogen ist.

Wir benutzen nun den Abdampf dieser Hilfsturbine, oder wenn eine solche nicht vorhanden, zapfen wir Dampf von etwa atmosphärischer Pressung an der Hauptturbine ab, um zunächst durch einen Dampfstrom die Luft aus dem Oberflächenkondensator abzusaugen, vorzukomprimieren und in einen Zwischenbehälter zu fördern. In diesem Zwischenbehälter trennen wir Luft und Dampf dadurch, daß wir den Dampf mittels des aus dem Turbinenkondensator abgeführten Kondensates kondensieren, während wir die vorkomprimierte und dadurch auf ein kleineres Volumen gebrachte Luft in der oben beschriebenen Weise mit dem Kühlwasserstrom in die Atmosphäre abführen. Hierdurch kann die für die Wasserförderung benötigte Energie, selbst wenn zeitweise große Luftmengen gefördert werden müssen, auf ein sehr geringes Maß beschränkt werden. Durch die Veränderung der dem Dampfstrahlapparat zugeführten Dampfmenge ist man außerdem in der Lage, sich den jeweilig abzuführenden Luftmengen bzw. den Betriebsverhältnissen anzupassen. Dabei erfordert der Betrieb der Dampfstrahlförderung praktisch keinen Energieaufwand, weil die latente Wärme des hierzu benötigten Dampfes an das ohnedies in den Kessel zurückgespeiste Kondensat abgegeben wird. Die Verwendung von Abdampf in der soeben beschriebenen Weise ist demnach thermisch vorteilhafter als das Einführen in die Niederdruckstufe der Hauptturbine. Durch richtige Dimensionierung des Dampfstrahlapparates ist es möglich, mit etwa

2 v. H. des normalen Dampfverbrauches der Hauptdampfturbine gewaltige Luftmengen aus dem Kondensator abzusaugen. Die Erwärmung des Kondensates beträgt dabei etwa 10° bis 15°, so daß bei Vollast die Kondensattemperatur noch unter 40° bleibt, welche Temperatur man als notwendige untere Grenze für den Eintritt in den Ekonomiser ansieht, um das Schwitzen der Ekonomiserröhren zu verhindern. Aber selbst wenn in besonderen Fällen die Kondensattemperatur höher werden sollte, so steigt nach Versuchen, die ich in dieser Richtung angestellt habe, die Ekonomiseraustrittstemperatur fast um ebensoviel, wie die Speisewassereintrittstemperatur gestiegen ist.

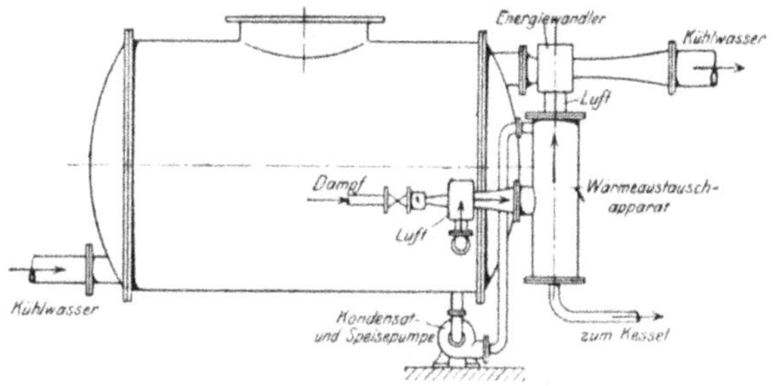

Fig. 53. Schema einer Oberflächenkondensation mit Luftabsaugung durch Dampf- und Wasserstrahlapparat.

Wie aus den Ausführungen unter 3. hervorgeht, hat eine kräftige Luftförderungseinrichtung einen sehr großen Einfluß auf das erzielte Vakuum. Da nun der Dampfstrom imstande ist, ganz gewaltige Gasmengen zu fördern, ist es möglich, auf diese Weise Vakua zu erzielen, welche kaum von dem theoretisch möglichen Vakuum

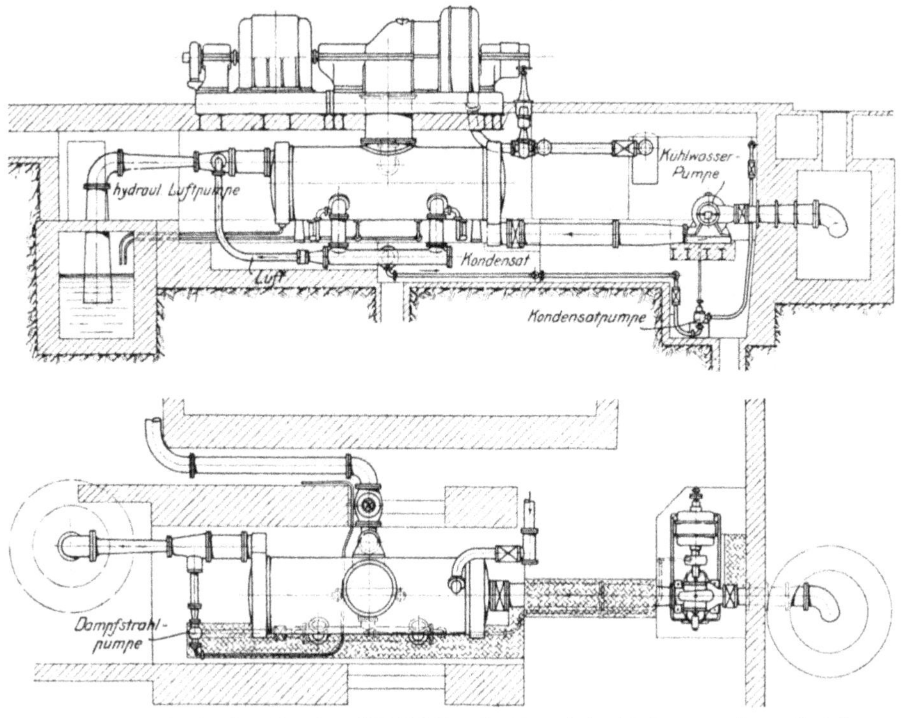

Fig. 54 u. 55. Oberflächenkondensation einer 8000 KW-Dampfturbine mit Strahlluftpumpe. (Franco Tosi, Legnano.)

abweichen, weil nämlich der Raum in dem Kondensator, der von der Luft eingenommen wird, auf ein verschwindend kleines Maß verringert wird, so daß die ganze Oberfläche des Kondensators für die Kondensation des Dampfes nutzbar gemacht werden kann.

Fig. 53 stellt das Schema der Anordnung dar, das nach dem vorher Gesagten ohne weiteres verständlich ist. Mit dieser Einrichtung haben wir sehr gute Ergebnisse erzielt, beispielsweise stellen Fig. 54 und 55 die nach diesem System gebaute Kondensation einer 3000 KW-Turbine dar, welche von der Firma Franco Tosi, Legnano (Italien) ausgeführt worden ist und im Jahre 1911 auf der Ausstellung in Turin in Betrieb war (jetzt im Elektrizitätswerk Rom). Ein Versuch an der Anlage hat die in Tabelle 12 enthaltenen Ergebnisse gehabt, und man erkennt, daß die Anlage höchsten Anforderungen genügt. Der Energiebedarf reichte nicht aus, um die Turbine voll zu belasten. Das theoretisch mögliche Vakuum ist fast erreicht worden. Das Kühlwasser für den Kondensator wurde dem Po entnommen, und zwar lag die Kühlwasserablaufleitung etwa 3 m über dem Wasserspiegel des Flusses. Die Anlage war daher geeignet, festzustellen, ob dadurch, daß die Luft mit dem Kühlwasser abgeführt wird, Heberwirkungen zerstört werden. Die Anlage liefert den Beweis, daß dies nicht der Fall ist.

Tabelle 12.

Anlage Turin	
Normale Leistung . . . . KW	3 000
Stdl. Dampfmenge beim Versuch kg/Std.	10 000
Barometerstand . . . . mm Hg	743
Vakuum . . . . mm Hg	714
Vakuum in . . . . %	96
Temperatur Kühlwasser	
Eintritt . . . . °C	23,5
Austritt . . . . °C	28,5
Theoretisch mögliches Vakuum . . . . %	96,1

Eine weitere sehr große stationäre Anlage für 7000 KW-Turbinenleistung von Franco Tosi ist durch die Fig. 56 bis 58 veranschaulicht.

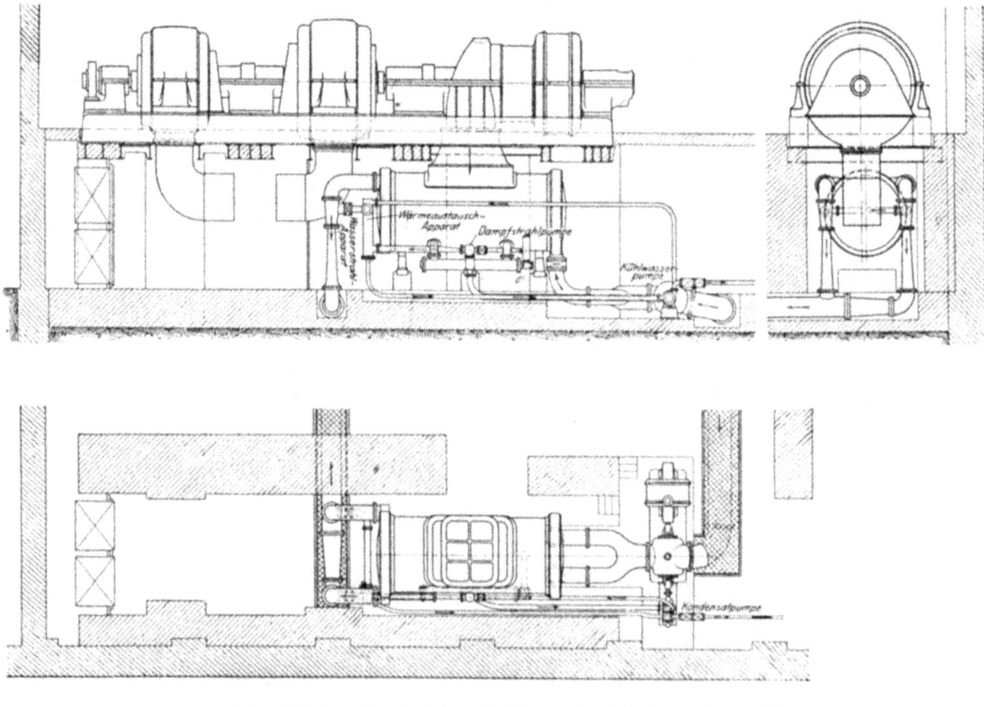

Fig. 56 bis 58. 7000 KW-Dampfturbinenanlage Negri; von Franco Tosi.

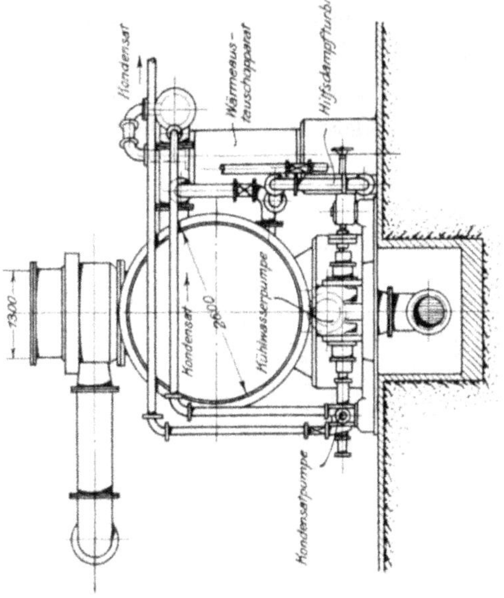

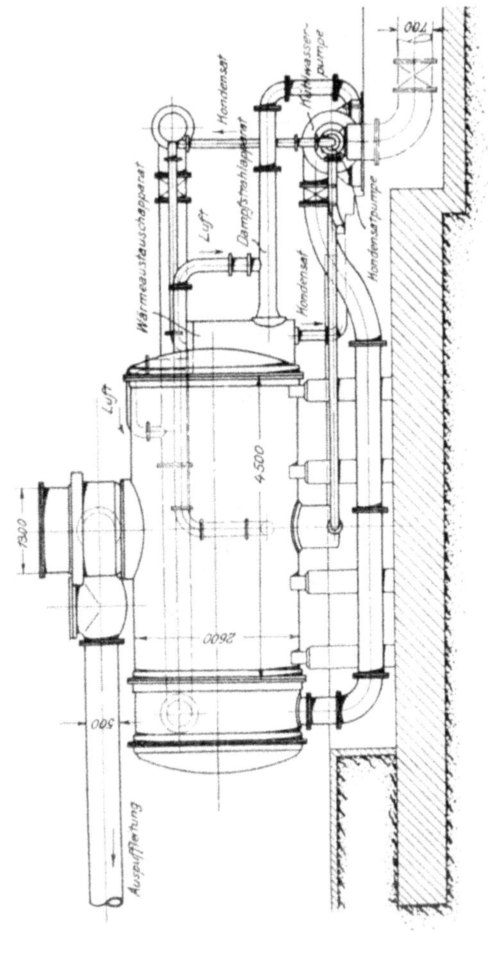

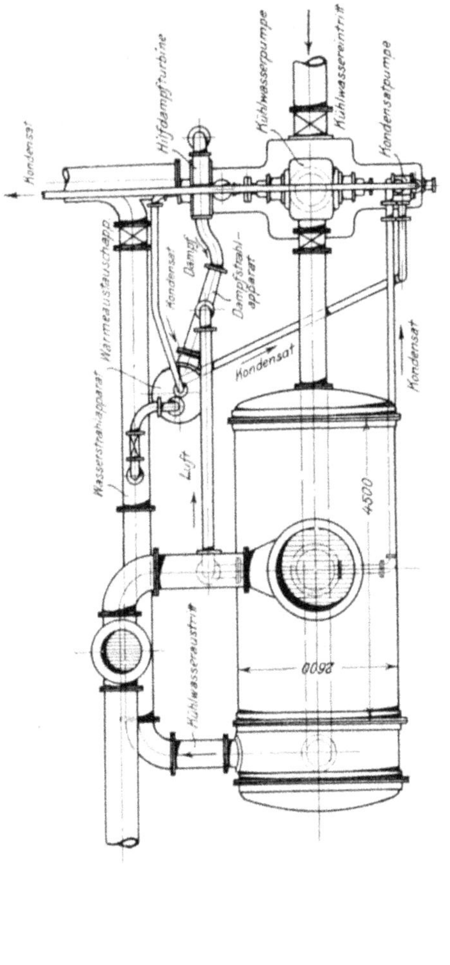

Fig. 59 bis 61.

Oberflächenkondensationsanlage mit Ausnutzung des Abdampfes einer Hilfsdampfturbine auf Zeche Helene-Amalie.

Stündliche Dampfmenge 20 000 kg.

Als weiteres Beispiel sei in Fig. 59 bis 61 eine Anlage mit Ausnutzung des Abdampfes einer Hilfsturbine gezeigt. Die von der Firma Louis Schwarz & Co., Dortmund, gebaute Oberflächenkondensation ist bestimmt, den Dampf einer Abdampfturbine der Bergmann-Elektrizitätsgesellschaft auf Zeche Helene-Amalie bei Essen niederzuschlagen. Die stündliche Dampfmenge

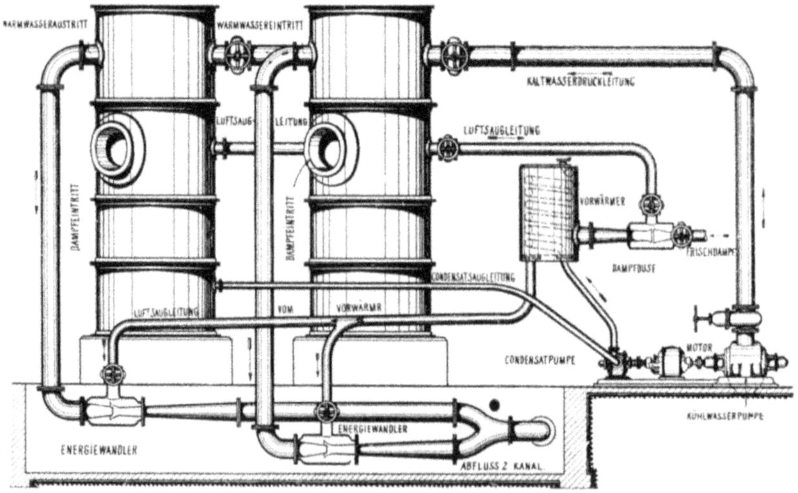

Fig. 62. Kondensationsanlage des Elektrizitätswerkes Oporto (Schwarz & Co. A.-G.).

beträgt 20000 kg, die Kühlwassermenge 1200 cbm in der Stunde, so daß die Kondensation mit 60 facher Kühlwassermenge arbeitet. Die Kühlwasserumlaufpumpe und die Kreiselpumpe für das Kondensat werden von einer direkt gekuppelten Dampf-Turbine von rd. 160 PS angetrieben. Ihr gesamter Abdampf tritt mit 1,1 Atm. abs. in die Dampfdüse und wird zur Erwärmung des Arbeitskondensates in einem Mischwärmer benutzt. Der Wasserstrahlapparat liegt hier im ablaufenden Kühlwasserstrom. Bei dieser Anlage sind 92¼ v. H. Vakuum garantiert worden. Fig. 62 zeigt die drei stehenden Oberflächenkondensatoren des Elektrizitätswerkes Oporto für 60 000 kg Dampf pro Stunde. In Fig. 63 ist die zugehörige Abdampfleitung dieser Zentralkondensation

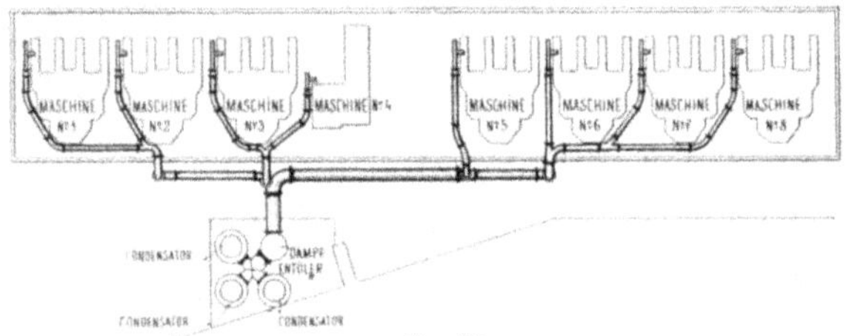

Fig. 63.

dargestellt, welche den Abdampf von acht Maschinen aufnimmt. Die Luft wird durch Dampfstrahlapparat abgesaugt, hinter dem ein mit Kühlwasser betriebener Wasserstrahlapparat angeordnet ist.

Die in Fig. 64 dargestellte Anlage ist für Bordzwecke, und zwar für den italienischen Kreuzer Dante, bestimmt, die zugehörige Turbine liefert den für die Beleuchtung erforderlichen Strom. Die stündlich niederzuschlagende Dampfmenge beträgt 4000 bis 8000 kg. Die dargestellten Anlagen sollen lediglich als Beispiele gelten. Es sind seit mehreren Jahren eine große Anzahl dieser Strahlabsaugungen, in Deutschland und im Ausland, in befriedigendem Betriebe.

Auch die früher erwähnte 300 KW-Parsons-Turbine des Maschinenbaulaboratoriums ist vor einiger Zeit mit einer neuen Einrichtung zur Förderung von Luft und Kondensat versehen worden. Die Luftabsaugevorrichtung besteht aus einem Dampfstrahlapparat und einem dahintergeschalteten Wasserstrahlapparat.

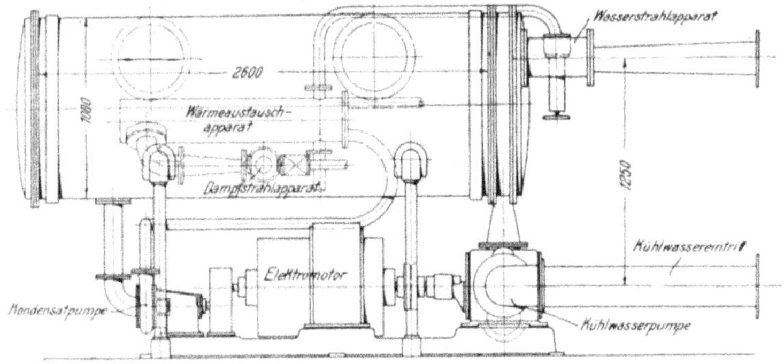

Fig. 64. Oberflächenkondensation für eine Schiffsturbine; Kreuzer Dante, Tosi.

Für das Kondensat ist eine mit Elektromotor gekuppelte Kreiselpumpe vorgesehen. Nach dem Umbau sind bei dieser Anlage 97 v. H. Vakuum bei voller Belastung der Turbine erzielt worden.

Tabelle 13.

Oberflächenkondensator von 28,5 qm Kühlfläche. Luftabsaugung durch Dampfstrahl.

Versuch Nr.		1	2	3	4
Barometerstand	mm Hg	755	755	755	755
Luftleere	mm Hg	698,4	713,0	721,2	722,3
„	%	92,5	94,5	95,6	95,7
Abs. Kondensatorspannung p_c . .	kg/qcm	0,077	0,057	0,046	0,0445
Stündliche Dampfmenge D . . .	kg/Std.	1950	1450	1060	675
„ Kühlwassermenge Q . .	kg/Std.	79600	79400	79500	79900
Temperaturen:					
Sättigungstemperatur entspr. p_c . .	t_s °C	40,6	35,0	31,3	30,7
Dampfeintrittstemperatur gemessen .	t_d °C	40,6	34,9	31,2	30,7
Dampf Mitte Kondensator . . .	t_d^1 °C	40,6	35,2	31,5	25,7
Luftaustritt	t_l °C	38,7	32,4	20,4	12,6
Kondensat	t_w °C	29,6	23,5	16,7	13,2
Kühlwasser-Eintritt	t_1 °C	10,88	10,88	10,85	10,85
„ (hinter Abteilung 1) . .	t_2 °C	14,13	13,05	11,53	10,90
„ („ „ 2) . .	t_3 °C	18,73	16,77	14,82	12,65
„ („ „ 3) . .	t_4 °C	21,13	18,77	16,52	13,95
„ -Austritt	t_5 °C	23,97	21,05	18,57	15,78
„ „ (Kontrollmessung)	t_5' °C	23,97	21,08	18,60	15,88

Da man den Einwand machen kann, daß bei Anwendung der Luftabführung durch den Kühlwasserstrom an Bord, wo ja als Kühlwasser Salzwasser benutzt wird, bei der Inbetriebsetzung der Zirkulationspumpe Salzwasser in den Kondensator hineinlaufen könnte, was allerdings noch niemals vorgekommen ist und auch ein Versagen der Rückschlagklappe voraussetzt, so haben wir das System insbesondere für Schiffe so ausgebildet, daß wir die Gase lediglich durch Dampfstrahlwirkung absaugen; dabei verwenden wir allerdings Dampf von höherer Spannung, 5 bis 8 Atm. Auch hier trennen wir das Luft- und Dampfgemisch, indem wir mittels des Kondensates den aus dem Strahlapparat austretenden Dampf kondensieren und die Energie so in einfachster Weise für die Vorwärmung des Kondensates nutzbar machen, was für Bordzwecke, wo keine Ekonomiser

Tabelle 14.

Oberflächenkondensator von 28,5 qm Kühlfläche. Luftabsaugung durch Dampfstrahl.

Versuch Nr.	1	2	3	4
Stündlich übertragene Wärmemenge . . . WE/Std.	1 040 500	808 500	614 500	398 000
Spezifischer Kühlwasserverbrauch . . . . $\frac{Q}{D}$	40,8	54,75	75,0	118,3
» » des idealen Kondensators	17,99	23,2	28,5	29,1
Wirklicher Kühlwasserverbrauch:				
Verbrauch des idealen Kondensators	2,266	2,36	2,635	4,07
Mehrverbrauch gegenüber dem idealen Kondensator . . . . %	126,6	136	163,5	307
Geschwindigkeit des Kühlwassers:				
Oberer Kondensator: obere Längsrohre . . m/sec.	1,438	1,434	1,436	1,444
Oberer Kondensator: Querrohre . . . . »	0,663	0,661	0,662	0,666
Oberer Kondensator: untere Längsrohre . . »	0,942	0,940	0,941	0,945
Unterer Kondensator . . . . »	0,790	0,788	0,789	0,793
Unterkühlung des Kondensates . . . . . °C	11,0	11,55	14,65	17,5
Unterkühlung der Luft . . . . »	1,9	2,65	10,95	18,1
Temperaturunterschied:				
Dampfeintritt — Kühlwasseraustritt . . . »	16,63	13,99	12,77	14,87
Wärmedurchgangskoeffizienten:				
Oberer Kondensator: obere Längsrohre	2540	2435	2410	1940
Oberer Kondensator: Querrohre	1781	1749	1642	1147
Oberer Kondensator: untere Längsrohre	2018	1951	1919	985
Oberer Kondensator: gesamter oberer Kondensator . . .	2095	2035	1985	1290
Gesamter unterer Kondensator	838	698	238	24,8
» Kondensator	1610	1520	1315	—
Belastung des Kondensators:				
Stündl. Dampfmenge auf 1 qm Kühlfläche . kg/qm	68,5	50,9	37,2	23,7
Stündl. Wärmemenge auf 1 qm Kühlfläche . WE/qm	36 550	28 400	21 570	13 970

vorhanden sind, höchst erwünscht ist. Verwendet man den Abdampf der Strahlpumpe zur Speisewasservorwärmung, so erfordert diese Luftabsaugung praktisch keinen Energieaufwand und sie besitzt keinen bewegten Teil. Der Dampfverbrauch beträgt rd. 3 v. H. des normalen Dampfverbrauches der Hauptturbine. Es ist dies also eine Einrichtung von geringem Gewicht, großer Betriebssicherheit und leichter Regelbarkeit, deren Einfachheit kaum mehr übertroffen werden kann.

Die 200 KW-AEG-Dampfturbine des Maschinenbaulaboratoriums Charlottenburg ist seit 1 Jahre mit einer Kondensationsanlage dieses Systems ausgerüstet worden. An dieser Anlage sind die in Tabelle 13 und 14 enthaltenen Versuchsreihen gewonnen worden. Die Versuche wurden bei gleichbleibender Kühlwassermenge und veränderlicher Dampfmenge bzw. Belastung der Turbine ausgeführt. Das Vakuum ist zwar geringer als bei den Versuchen nach Tabelle 8, es ist aber zu berücksichtigen, daß die früheren Versuche mit Wirbelstreifen im Kondensator ausgeführt wurden, während bei den späteren Versuchen keine Wirbelstreifen vorhanden waren. Wie groß der Einfluß der Wirbelstreifen ist, ist aus den Wärmedurchgangszahlen zu erkennen, deren Betrag auf weniger als die Hälfte der früheren Werte gesunken ist. Außerdem betrug hier die spezifische Kühlwassermenge etwa 40 kg Wasser für 1 kg Dampf, während sie bei Versuch 1 der früheren Reihe über 50 fach war. Mit der neuen Luftabsaugevorrichtung ist je nach der Belastung ein Vakuum von rd. 93 bis 96 v. H. erreicht worden, während mit der früher vorhandenen Naßluftpumpe ohne Wirbelstreifen im Kondensator eine Luftleere von 87 bis 90 v. H., je nach der Belastung, erzielt wurde. Für die Förderung des Kondensates ist eine mit dem Elektromotor unmittelbar gekuppelte Kreiselpumpe vorgesehen. Die Anlage hat seit ihrer Inbetriebnahme ebenso wie die der 300 KW-Parsons-Turbine anstandslos gearbeitet.

In vorstehendem habe ich in großen Zügen die Vorgänge in den Oberflächenkondensationen für Dampfturbinen erörtert und nachgewiesen, daß man in der Lage ist, bei richtiger Beachtung der einschlägigen Verhältnisse höhere Leistungen der Oberflächenkondensatoren zu erzielen. Ferner habe ich gezeigt, daß es möglich ist, mit außerordentlich einfachen und betriebssicheren Luftabsaugevorrichtungen sehr hohe Luftleeren zu erzielen.

9. Wirtschaftlichkeit der Kondensationsanlagen.

Diese Verhältnisse sind schon kurz berührt worden, als ich darauf hingewiesen habe, daß die Kühlwassermenge und die Wassergeschwindigkeit in den Kühlrohren die Größe der Oberflächen beeinflussen und daher auf die Wirtschaftlichkeit der Oberflächenkondensatoren von maßgebendem Einfluß sind.

Im allgemeinen wird man darauf bedacht sein müssen, mit möglichst kleiner Oberfläche auszukommen. Jede Anlage muß dabei für sich unter Berücksichtigung der örtlichen Verhältnisse beurteilt werden. Bei ortfesten Anlagen wird man andere Verhältnisse finden als auf Schiffen. Besonders bei letzteren ist es eine dringende Forderung, mit kleineren Oberflächen auszukommen, weniger der geringeren Anlagekosten wegen, als wegen des damit verbundenen geringeren Gewichtes des Kondensators und seines Kühlwasserinhaltes und des kleineren Raumbedarfes. Man wird also besonders bei Schiffskondensatoren anzustreben haben, große Wärmeübergangskoeffizienten zu erzielen und große Kühlwassermengen zu verwenden, da hier nur die dynamischen Widerstände des Kondensators in Betracht kommen und Kühlwasser in unbegrenzter Menge vorhanden ist. Der Arbeitsbedarf der Kühl-

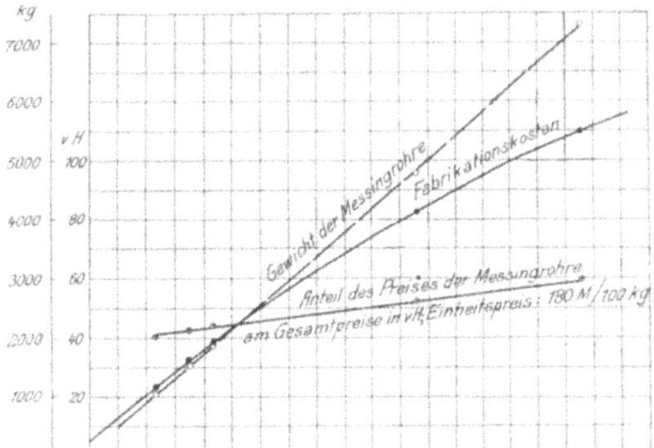

Fig. 65. Fabrikationskosten der Kondensatoren.

wasserpumpen ist hier weniger ausschlaggebend, da es auf ein paar Pferdestärken mehr oder weniger nicht ankommen kann. Bei ortfesten Anlagen tritt der Einfluß des Gewichtes zugunsten des Raumbedarfes und der Herstellungskosten zurück. Hier ist es nötig, in erster Linie diese letzteren zu vermindern.

Der Preis der Oberflächenkondensatoren hängt wesentlich von der Kühlfläche ab, da die Kosten der zu verwendenden Messingrohre proportional mit der Kühlfläche wachsen, s. Fig. 65. Die stets aus Messing anzufertigenden Kühlröhren machen einen erheblichen Anteil an den Herstellungskosten der Oberflächenkondensatoren aus. Wie aus Fig. 65 hervorgeht, betragen diese Anteile bei Kondensatoren von etwa 800 qm und bei einem Preis von M. 180 für 100 kg Messingrohr etwa 50 v. H. des Gesamtpreises; bei kleineren Kondensatoren ist der Anteil etwas geringer; vgl. die Figur.

Dementsprechend wachsen die Herstellungskosten der Oberflächenkondensatoren bei kleineren Anlagen zunächst fast genau mit dem Gewicht der Messingrohre, und erst bei größeren Anlagen nehmen die Gesamtherstellungskosten etwas langsamer als die Kosten der Messingrohre zu. Im allgemeinen sind die Herstellungskosten der Oberfläche proportional. Man wird also auch bei ortfesten Anlagen, obgleich aus anderen Gründen als bei Schiffsanlagen bestrebt sein müssen, mit kleinen Oberflächen auszukommen. Es ist daher aus wirtschaftlichen Gründen nicht gleichgültig, ob eine Oberflächenkondensation mit einem Wärmeübergangskoeffizienten von 3000 und mehr entworfen werden kann, oder ob sie, wie heute noch vielfach üblich, mit einem Koeffizienten von 1500 berechnet ist. Das erstere bedeutet eine Verminderung der Anlagekosten auf fast die Hälfte.

Versuche über die Wärmeübertragung von Dampf an Kühlwasser.[1]

Bei den vor einigen Jahren im Maschinenbaulaboratorium an Kondensationsanlagen ausgeführten Versuchen handelte es sich unter anderem auch um die Beantwortung der Frage, ob die in einem Kondensator übertragene Wärmemenge der Temperaturdifferenz zwischen Dampf und Kühlwasser einfach proportional oder von einer anderen Potenz der Temperaturdifferenz abhängig ist. Wie aus dem vorhergehenden Bericht zu ersehen ist, wurde damals durch Messung des Anstiegs der Kühlwassertemperatur festgestellt, daß die übertragene Wärmemenge der Temperaturdifferenz einfach proportional ist.

Da aber dieser Versuch nur bei einer einzigen Dampftemperatur und einer Geschwindigkeit des Kühlwassers ausgeführt worden war, und da ferner andere ausgedehnte Versuche[2]) bekannt wurden, welche zu einem anderen Ergebnis als dem oben erwähnten gelangten, so wurde Herr Dr.-Ing. Höfer beauftragt, neuerdings zur Prüfung dieser Frage Versuche auszuführen, welche, kurz gesagt, die Ermittelung des »Temperaturexponenten« unter den verschiedensten Verhältnissen zum Ziele hatten. Nebenbei sollte noch einmal der Nachweis geführt werden, daß die Wärmedurchgangszahl von Dampf an Kühlwasser auch bei Vakuum mit der Geschwindigkeit des Wassers steigt, da neuerdings Zweifel an den bisher in dieser Richtung gemachten Feststellungen laut geworden sind[3]), trotzdem auch andere Beobachter (z. B. Joule, Philosoph. Trans. of the Royal Society, Bd. 151, 1861, S. 133, und Orrok a. a. O.) zu demselben Ergebnis gelangt sind.

Für die Bestimmung des Temperaturexponenten gibt es zwei Wege. Einmal kann man durch längs des Rohres verschiebbare Thermoelemente den Anstieg der Kühlwassertemperatur ermitteln, der ein Maß für den Temperaturexponenten abgibt, und dieser Weg wurde seinerzeit bei den schon oben erwähnten Versuchen benutzt. Zweitens kann man bei gleicher Geschwindigkeit des Kühlwassers seine Eintrittstemperatur ändern; damit ändert sich auch die mittlere Temperatur differenz zwischen Dampf und Kühlwasser, und man erhält die Abhängigkeit der übertragenen

[1]) Diese Versuche sind auf meine Veranlassung und unter meiner Leitung von meinem früheren Assistenten. Herrn Dr.-Ing. K. Höfer, jetzt in Kiel, durchgeführt und bearbeitet worden. Herrn Dr.-Ing. Höfer bin ich für die vorzügliche Durchführung dieser Arbeiten zu Dank verpflichtet.

[2]) George A. Orrok, The Transmission of heat in surface condensation, The Journal of the American society of mechanical engineers, 1910.

[3]) Stodola, Die Dampfturbinen. Aufl. 4.

Wärmemenge von der Temperaturdifferenz. Diesen zweiten Weg hat Orrok bei seinen Versuchen beschritten. Wenn auch die Durchführung der Versuche auf diesem Wege einfacher ist, so leidet er doch an zwei Nachteilen. Um die mittlere Wassertemperatur zu finden, ist man gezwungen, eine Annahme über den Anstieg der Wassertemperatur zu machen, d. h. gerade über diejenige Größe, welche man durch den Versuch bestimmen soll, oder man muß, wie auch Orrok es getan hat, die mittlere Wassertemperatur gleich dem arithmetischen Mittel aus Eintritts- und Austrittstemperatur setzen. Außerdem ist es auf diese Weise nicht möglich, die Versuche bei kleinen Wassergeschwindigkeiten auszuführen, da dann die Bestimmung der mittleren Wassertemperatur gar nicht mehr möglich ist. Die niedrigste von Orrok verwendete Wassergeschwindigkeit beträgt nämlich rd. 0,6 m/Sek. Aus den angeführten Gründen wurde daher wieder die Messung des Temperaturanstiegs durch verschiebbare Thermoelemente gewählt.

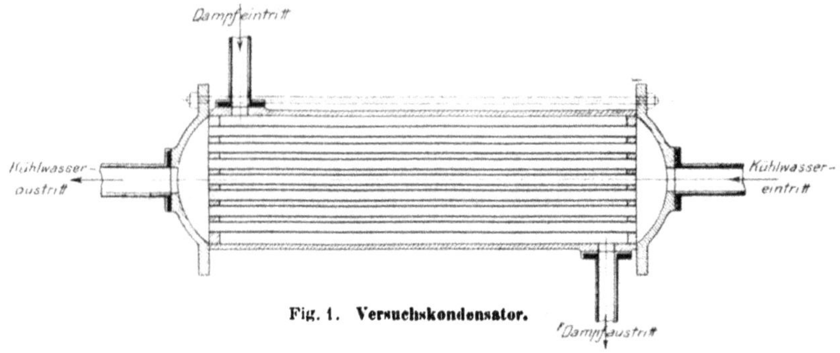

Fig. 1. Versuchskondensator.

Es bestand anfangs die Absicht, den in Fig. 1 dargestellten Apparat zu untersuchen, um eine möglichst gute Anlehnung an die praktischen Verhältnisse zu erhalten. Der Oberflächenapparat enthielt 31 Rohre von 20 mm l. W. und in vier von diesen Rohren waren verschiebbare Thermoelemente — in jedem Rohr zwei, je eins von jeder Seite — angeordnet, um den Temperaturanstieg zu messen. Das Ergebnis eines Versuches ist in Fig. 2 dargestellt. Man erkennt, daß die Wassergeschwindigkeiten in den einzelnen Rohren stark voneinander abweichen müssen, da die mit den Thermoelementen gemessenen Endtemperaturen des Wassers über der mittleren Austrittstemperatur liegen, und auch in den einzelnen Rohren nicht konstant sein können, da eine bestimmte Gesetzmäßigkeit des Temperaturanstiegs nicht vorhanden ist. Bemerkt sei hierzu, daß die Temperatur auf Grund der Eichkurven der Thermoelemente eingetragen sind. Zum Vergleich ist zwischen der Eintritts- und mittleren Austrittstemperatur der Temperaturanstieg für einen Exponenten 1 verzeichnet worden. Eine Er-

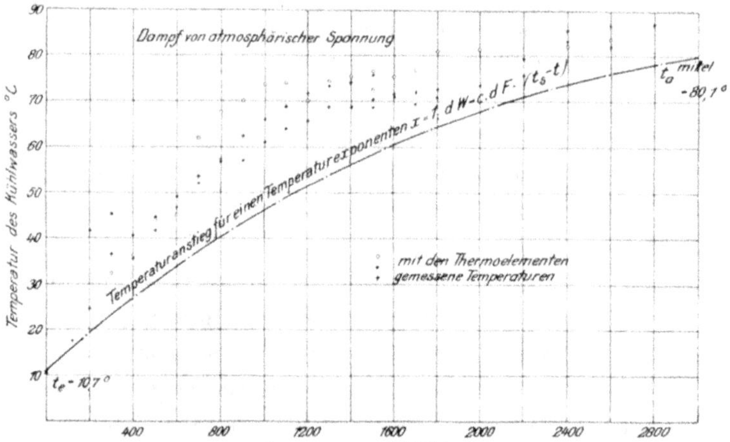

Fig. 2. Messung des Temperaturanstiegs im Versuchskondensator.

weiterung des Zu- und Ablaufrohres, sowie eine Erweiterung der Wasserkammern hätten wahrscheinlich eine Besserung dieser Verhältnisse gebracht, allein es wäre auch dann noch nicht möglich gewesen, genau anzugeben, welche Geschwindigkeit in den einzelnen Rohren herrscht. Deshalb wurde es vorgezogen, die Versuche an einem einzigen Rohre durchzuführen, da nur dann die Ermittelung der Wassergeschwindigkeit völlig einwandfrei ist.

Die neue Versuchseinrichtung, welche für alle folgenden Versuche benutzt wurde, ist in Fig. 3 gezeigt. Die Länge des Versuchsrohres, eines nahtlos gezogenen Messingrohres, wurde möglichst groß, rd. 2,6 m, gewählt, um auch bei größeren Wassergeschwindigkeiten möglichst hohen Temperaturanstieg zu erhalten, die lichte Weite des Rohres betrug 20 mm (eine Nachmessung ergab

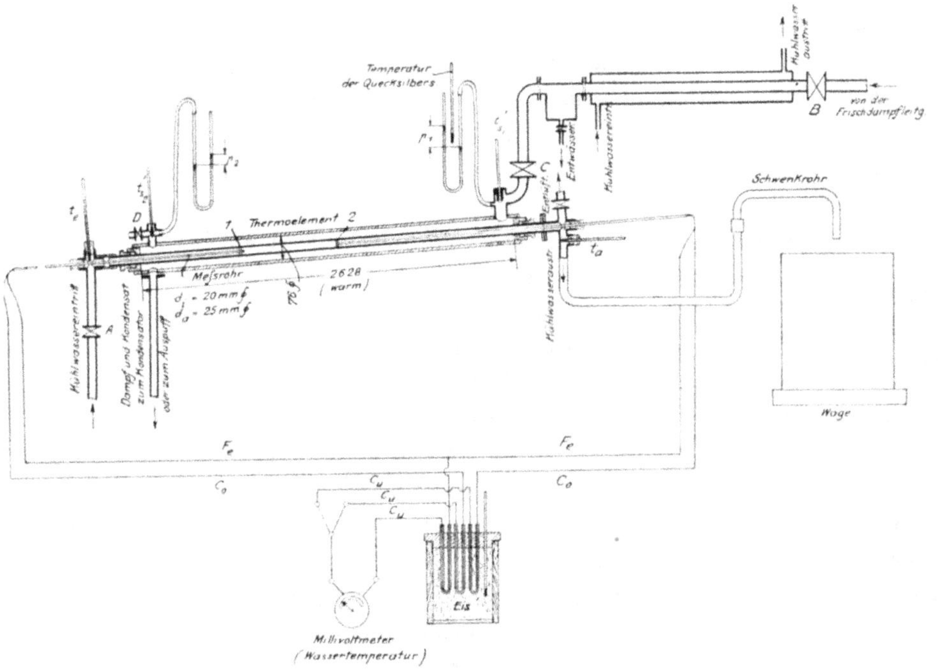

Fig. 3. **Versuchsanordnung.**

denselben Wert), da dieser Wert den Verhältnissen bei Kondensatoren am besten entspricht; der äußere Durchmesser des Rohres mußte zu 25 mm gewählt werden, weil bei kleinerer Wandstärke die Durchbiegung des Rohres bei der gewählten Länge zu groß ausgefallen wäre. Da das Wärmeleitvermögen des Metalls sehr hoch ist, so war ein merkbarer Einfluß der größeren Wandstärke auf die Wärmedurchgangszahl nicht zu erwarten. Die Abflußleitung des Kühlwassers war mit dem Versuchsrohr durch Flanschen verbunden, die Zuflußleitung dagegen durch ein starkes Gummirohr, um dem Versuchsrohr die Möglichkeit freier Ausdehnung zu geben. Die Lage des Versuchsrohres ist etwas geneigt, damit das im Dampfmantel sich bildende Kondensat rasch abfließen kann. Das Kühlwasser wurde der Druckleitung einer Kreiselpumpe entnommen, die das Kühlwasser für die Kondensatoren im Maschinenbau-Laboratorium liefert. Da die Umlaufszahl der Pumpe sich nur unwesentlich infolge von Spannungsschwankungen am antreibenden Elektromotor ändern kann, so ist auch die Fördermenge der Pumpe und damit die Geschwindigkeit des Wassers praktisch konstant. Zur Einstellung der Kühlwassermenge war in die Zuleitung ein Drosselventil A eingeschaltet. Die Messung der Wassermenge erfolgte durch Wägung. Das Abflußrohr war vor dem Meßbehälter höher als der Versuchsapparat geführt, um sicherzustellen, daß das Rohr vollständig mit Wasser gefüllt war. An der höchsten Stelle des Versuchsrohres war eine Entlüftung angebracht. Beim Eintritt des Wassers befand sich ein Thermometer zur Messung der Eintrittstemperatur t_e, beim Austritt ein zweites zur Messung der Austrittstemperatur t_a. Jeder Versuch wurde erst begonnen, wenn sich die Temperatur t_e nicht mehr änderte. Die Temperatur t_a anderseits mußte während eines Versuches konstant bleiben, wenn die Wassergeschwindigkeit konstant blieb und sonst keine Störung eintrat. Ein Versuch wurde daher nur für gültig angesehen, wenn die Temperatur t_a während eines Versuches hinreichend konstant war.

Da der Dampf, welcher zur Erwärmung des Wassers diente, der Frischdampfleitung entnommen wurde, so mußte er bei allen Versuchen abgedrosselt werden und überhitzte sich dabei. Daher war die Dampfleitung vor dem Apparat mit einem Kühlmantel umgeben, welcher von Wasser durchflossen wurde. Beim Durchtritt durch den Kühlmantel wurde dem Dampf die Überhitzungswärme entzogen, und es wurde die Kühlwassermenge möglichst so eingestellt, daß eine Kondensation des Dampfes nicht eintrat. Hinter dem Kühlmantel war eine Entwässerung vorgesehen, die aber nur vor jedem Versuch benutzt wurde. Die Abdrosselung des Dampfes erfolgte durch die beiden Regulierventile B und C; die Stellung des Ventiles B blieb während eines Versuches unverändert, mit Hilfe von Ventil C wurde durch fortwährendes Regulieren der Druck p_1 beim Eintritt in den Versuchsapparat — Überdruck oder Vakuum — möglichst konstant gehalten. Vom Apparat gelangten Dampf und Kondensat entweder in ein Auspuffrohr oder in den Oberflächenkondensator einer der Dampfturbinen des Maschinenlaboratoriums, je nachdem der Versuch mit Überdruck oder Unterdruck im Apparat vorgenommen wurde. Die Ermittelung der Sättigungstemperatur des Dampfes erfolgte durch Messung der Dampfdrucke beim Eintritt p_1 und beim Austritt p_2 mit Hilfe von Quecksilbersäulen, deren Temperatur berücksichtigt wurde. Bei gleichzeitiger Bestimmung des Barometerstandes ergeben sich daraus die absoluten Dampfdrucke und die Sättigungstemperaturen. Die Beobachtung der Dampftemperaturen t_{s1}' und t_{s2}' durch Thermometer erfolgte nur, um sicher zu sein, daß Überhitzung des Dampfes nicht vorlag.

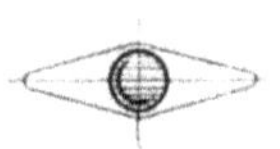
Fig. 4.
Führungsstück.

Die Messung der jeweiligen Wassertemperatur endlich erfolgte, wie schon erwähnt, durch verschiebbare Thermoelemente. Als Material der Elemente wurde Eisen und Konstantan gewählt, und zur Aufnahme der Elemente dienten Messingröhrchen von kleinem Durchmesser, die auf der Wasserseite fest verlötet waren. Die eine Lötstelle jedes Elementes lag an dem verschlossenen Ende des Röhrchens, die andere Lötstelle wurde durch Eis auf eine Temperatur von 0° C gebracht. Ein in den Eisbehälter geführtes Thermometer, dessen Kugel möglichst dicht bei den Lötstellen lag, diente zur Kontrolle, ob tatsächlich eine Temperatur von 0° C vorhanden war. Die Messung der Spannung erfolgte mit Hilfe eines sehr empfindlichen Millivoltmeters von Keyser und Schmidt, Berlin, welches die Schätzung von Zehntelgraden Celsius gestattete. Die beiden Thermoelemente wurden vor den Versuchen und mehrfach während der Versuche geeicht. Die einzelnen Eichungen wichen nur sehr wenig voneinander ab. Für die Auswertung wurde stets mit den Mittelwerten gerechnet. Die Messingröhrchen zur Aufnahme der Elemente hatten anfangs einen Durchmesser von 3 mm, die Isolierung der Drähte bestand aus einer einfachen Baumwollumspinnung. Eine Reihe von Vorversuchen ließ darauf schließen, daß diese Isolierung nicht ausreichend war, besonders da die Drähte auf eine Länge von rd. 1,8 m dicht nebeneinander lagen. Es wurde daher jeder der Drähte mit Isolierband umwickelt, um eine vollkommene Isolierung zu erzielen. Damit mußte allerdings ein etwas größerer Durchmesser der Röhrchen mit in den Kauf

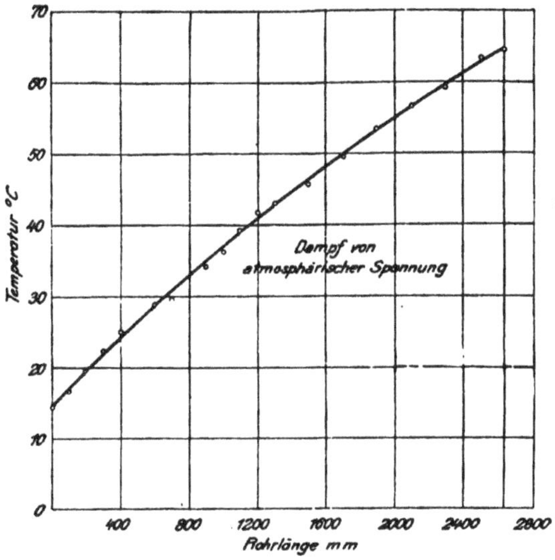

Fig. 5.

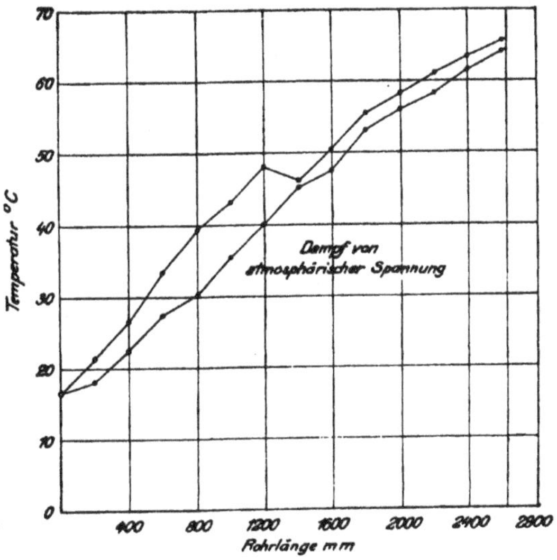

Fig. 6.

genommen werden. Das Thermoelement 1 steckte in einem Rohr von 5,5 mm äußerem Durchmesser und 0,2 mm Wandstärke, das Element 2 in einem Rohr von 5 mm äußerem Durchmesser und ebenfalls 0,2 mm Wandstärke. Der Unterschied der Durchmesser erklärt sich daraus, daß zufällig nur ein 5 mm-Rohr zu haben war. In einer Entfernung von rd. 100 mm vom Ende waren die Röhrchen mit Führungsstücken (Fig. 4) versehen, welche verhindern sollten, daß sich das Ende des Röhrchens gegen die heiße Wand des Versuchsrohres legten.

Bei der Durchführung der ersten Versuche mit dem neuen Apparat ergab sich eine Schwierigkeit. Wie die Wiedergabe eines der Versuche (Fig. 5) zeigt, war kein stetiges Ansteigen der Wassertemperatur festzustellen. Die naheliegende Ursache war folgende: an einer bestimmten Stelle des Rohres haben die einzelnen Wasserteilchen verschiedene Temperatur, je nachdem sie sich in der Mitte des Rohres oder mehr an seinem Rande befinden, und zwar wird die Temperatur in der Mitte immer niedriger sein als am Rande. Durch zufällige Drehung der Meßröhrchen, die natürlich nicht streng zentrisch im Versuchsrohr stecken, kamen die Meßstellen mit Wasserteilchen höherer oder niederer Temperatur in Berührung, so daß die Temperaturmessung unregelmäßig war. Wie weit die Verschiedenheiten der Temperatur gehen können, zeigt Fig. 6. In dieser

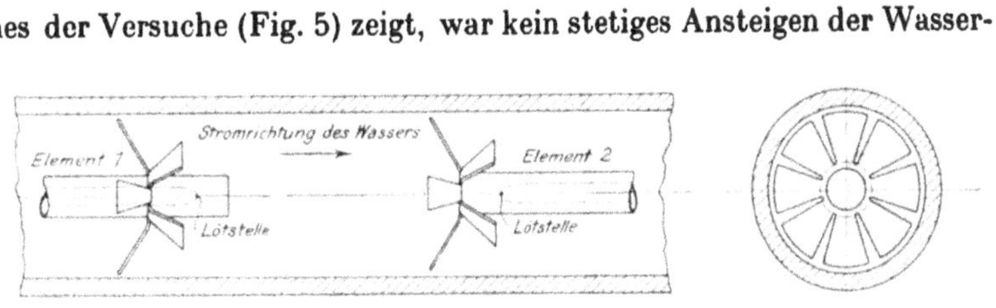

Fig. 7. Wirbelstück Nr. 1.

sind die höchsten und niedrigsten Temperaturen eingetragen, welche in ein und demselben Querschnitt des Meßrohres durch Drehen der Thermoelemente feststellbar waren. Der größte beobachtete Unterschied beträgt 9° C. Die Exzentrizität des Elementes 1 ist offenbar größer als die des Elementes 2. Nun kommt aber für die Bewertung der Wärmedurchgangszahlen und für die Ausrechnung des Temperaturexponenten allein die mittlere Temperatur in Frage, welche sich nach Mischung aller Wasserteilchen eines Querschnittes ergeben würde. Hierauf hat bereits Mollier[1]) hingewiesen. Die Messung der Temperaturverteilung in jedem Querschnitt und die Ermittelung der mittleren Temperatur durch Rechnung wäre sehr umständlich und sehr schwierig durchzuführen gewesen. Am einfachsten erschien es, das Wasser kurz vor der Meßstelle des Thermoelementes durcheinanderzuwirbeln, um so einen Ausgleich der Temperaturen herbeizuführen. Die Messingröhrchen wurden daher mit Wirbelstücken (Fig. 7) versehen, bestehend aus einer kreisförmigen Scheibe, welche durch Radialschnitte in acht Flügel zerlegt wurde. Von diesen Flügeln wurden vier nach der einen und vier nach der anderen Seite gebogen, so daß das Wasser aus den inneren Schichten nach außen, aus den äußeren Schichten nach innen geführt und auf diese Weise innig gemischt wird. Mit diesen Wirbelstücken wurde die gewünschte Wirkung erzielt, und etwa die Hälfte der Versuche der ersten Versuchsreihe (siehe später) wurde mit ihnen ausgeführt.

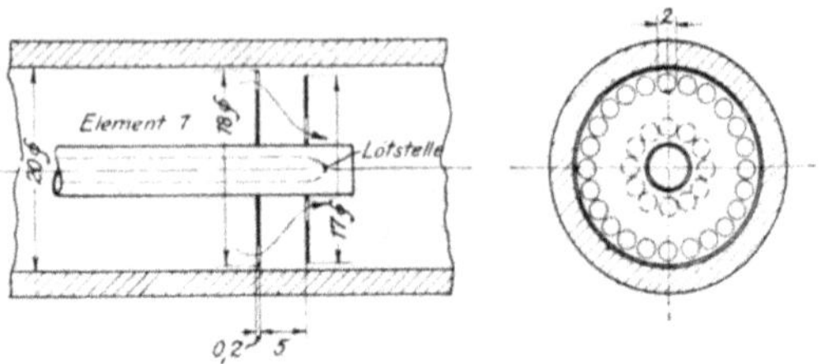

Fig. 8. Wirbelstück No. 2.

Zur Kontrolle wurde später ein anderes Wirbelstück (Fig. 8) eingebaut, bei welchem die Mischung des Wassers noch sicherer erzielt wird. Auf dem Meßröhrchen ist eine dünne Messingblechscheibe befestigt, welche am äußeren Umfange mit Löchern versehen ist. Alle Wasserteilchen sind daher gezwungen, durch die Löcher zu fließen und sich dabei innig zu mischen. In 10 mm Abstand von der ersten Scheibe sitzt eine zweite, welche innen mit Löchern versehen ist, so daß das durch die erste Scheibe gemischte Wasser unmittelbar die Stelle des Röhrchens umspült, hinter welcher die Lötstelle des Thermoelementes sitzt. Die zweite Scheibe ist im Durchmesser etwas kleiner als die erste, damit sie nicht die heiße Rohrwand berühren und Veranlassung zu direkter Wärmeübertragung geben kann. Außerdem kann das Wasser teilweise durch den gebildeten Ringraum fließen, so daß eine zu starke Drosselung des Wassers vermieden wird. Die Messungen mit den beiden Wirbelstücken ergaben keine wesentlichen Unterschiede, wie sich später zeigen wird, für alle späteren Versuche wurde jedoch die zweite Form des Wirbelstückes beibehalten, da seine Wirkung noch sicherer erschien als die des ersten. Man könnte einwenden, daß die Wirbelstücke die Strömung behindern und daß ohne sie die Art der Strömung und damit auch die Wärmeübertragung eine andere sein würde. Tatsächlich wird sich die Wirkung der Wirbelstücke bereits 20 bis 30 mm vor ihnen bemerkbar machen, bei der großen Länge des Versuchsrohres von 2628 mm wird der Einfluß dieser Störung der Strömung vor der Meßstelle praktisch belanglos sein. Zu beachten ist indessen folgendes: durch die Flügel bzw die Scheiben wird das Wasser in energische Wirbelung versetzt, die über eine gewisse Strecke fortdauern wird. Daher wird sich das Wasser

[1]) Z. d. V. d. Ing., 1897, S. 155.

hinter den Wirbelstücken stärker erwärmen als es bei ruhiger Strömung der Fall sein würde. Nun erfolgte die Messung der Wassertemperatur in der ersten Hälfte des Versuchsrohres durch Thermoelement 1, in der zweiten Hälfte durch Thermoelement 2. Die Messung mit dem zweiten Thermoelement konnte nach obigem nur richtig sein, wenn das erste Thermoelement aus dem Meßrohr herausgezogen war. Hiermit ist allerdings ein anderer Fehler verknüpft: durch das Herausziehen wird der Querschnitt in der ersten Hälfte des Rohres vergrößert, die Wassergeschwindigkeit und damit auch die Wärmeübertragung verringert, da bekanntlich die Wärmedurchgangszahlen mit der Geschwindigkeit des Wassers fallen. Um möglichst genaue Messungen zu erhalten, wurde nun folgendermaßen verfahren. Nach Beendigung der Messungen mit Thermoelement 1 wurde Thermoelement 2 an dieselbe Stelle gebracht, an welcher die letzte Messung mit Element 1 erfolgt war, und dann Element 1 soweit aus dem Rohr herausgezogen, daß die Temperaturmessung mit Element 2 denselben Wert ergab wie vorher mit Element 1. Bei der betreffenden Lage des Röhrchens 1 wurde dann durch den Einfluß des ersten Wirbelstücks der Einfluß der verringerten Geschwindigkeit gerade aufgehoben. Die Wirbelung hatte dabei dieselbe Wirkung auf die Erwärmung des Wassers, welche die größere Geschwindigkeit bei der ersten Hälfte des Versuchs ausgeübt hatte. Ein Fehler in der Messung wurde also auf diese Weise vollständig vermieden.

Bei der ersten mit dem Apparat ausgeführten Versuchsreihe war die Spannung des Dampfes etwa gleich der atmosphärischen. Die Versuchswerte sind in Tabelle 1 zusammengestellt. Statt der Ablesungen des Millivoltmeters sind die Wassertemperaturen nach der Eichkurve eingetragen. Der Dampfüberdruck beim Eintritt p_1 wurde so groß gewählt, daß auch beim Austritt ein Überdruck von einigen Millimetern Quecksilbersäule vorhanden war. Aus dem Hahn D (Fig. 3) entwich dann ein gleichmäßiger Dampfstrom. Diese Maßnahme war nötig, um ein Stagnieren von Luft zu verhindern, wenn solche mit dem Dampf in den Apparat gelangt sein sollte. Die Kühlwassermenge wurde bei kleinen Wassergeschwindigkeiten einmal während des Versuchs, bei größeren Geschwindigkeiten mehrfach bestimmt. Die Messung ergibt das Wassergewicht in einer bestimmten mit der Stoppuhr gemessenen Zeit; zur Ermittelung des Wasservolumens wurde die mittlere Wassertemperatur zugrunde gelegt. Bei Ausrechnung der Wassergeschwindigkeit ist zu beachten, daß sie wegen des Herausziehens von Thermoelement 2 für $l = 0$ bis $l = 1300$ (s. Tabelle 1) größer ist als für $l = 1400$ bis $l = 2600$. Es sei f der gesamte lichte Querschnitt des Rohres und f_1 der Querschnitt des Meßröhrchens 1. Dann ergibt sich der mittlere wirksame Querschnitt aus folgender Überlegung: für die Messungen von $l = 0$ bis $l = 1300$ ist stets $f_m' = f - f_1$. Für die Messungen von $l = 1400$ bis $l = 2600$ ist der Querschnitt im Mittel (nämlich für die Stellung des Elementes 2 bei $^3/_4$ der Rohrlänge) zu Zweidrittel gleich $f - f_1$ zu einem Drittel gleich f, somit

$$f_m'' = \frac{2}{3}(f - f_1) + \frac{1}{3} f$$

und

$$f_m = \frac{1}{2}(f_m' + f_m'') = f - \frac{5}{6} f_1.$$

Nach Einsetzen der Zahlenwerte erhält man $f_m = 294{,}4$ qmm.

Mit diesem Wert wurden sämtliche Wassergeschwindigkeiten berechnet.

Die Messung der Wassertemperatur erfolgte bei den ersten Versuchen in Abständen von je 100 mm, bei späteren Versuchen jedoch in Abständen von je 200 mm. Dies tat der Genauigkeit keinen Abbruch, im Gegenteil: durch die verringerte Zahl der Messungen wurde die Versuchszeit abgekürzt, und während der kürzeren Zeit war es leichter möglich, vollkommenen Beharrungszustand aufrechtzuerhalten. Die Dauer eines jeden Versuches betrug eine halbe Stunde bis zu einer Stunde, je nach der Anzahl der Messungen.

In Tabelle 1 sind nicht sämtliche ausgeführte Versuche angeführt. Alle Versuche, bei welchen die Beharrung in unzulässiger Weise gestört wurde, oder welche aus einem anderen Grunde unzuverlässig erschienen, sind ausgeschieden worden.

Tabelle 1.

Erste Versuchsreihe.

Dampf von atmosphärischer Spannung.

Versuch Nr.		1	2	3	4	5	6	7	8	9	10	11	12	13	14	15	16	17
Datum des Versuchs	1911	26. 6.	14. 7.	22. 6.	14. 7.	24. 6.	13. 7.	13. 7.	12. 6.	17. 7.	10. 7.	15. 6.	17. 7.	15. 6.	17. 7.	19. 6.	17. 7.	29. 6.
Barometerstand . . . mm Hg-S 0°		758	761,5	763	761,5	750	763,5	763,5	755	751,5	768	755,5	752,5	762,5	753,5	754,5	753,5	764
Dampfüberdruck b. Eintr. p_1 mm Hg-S	»	42	38	37	38	47	37	37	47	48	—	47	48	37	49	47	49	37
» » Austr. p_2 » » »	»	2,5	3	4	3	5,5	3	3	6,5	6	4	7	6	6	6	4	6	3
Dampftemperatur b. Eintritt (Sättigungstemperatur) t_{s1}	°C	101,5	101,4	101,5	101,4	101,5	101,5	101,5	101,5	101,4	101,6	101,5	101,5	101,5	101,5	101,5	101,5	101,5
Dampftemperatur b. Austritt (Sättigungstemperatur) t_{s2}	»	100,0	100,1	100,3	100,1	100,0	100,2	100,2	100,0	99,9	100,4	100,2	100,0	100,0	99,9	100,0	100,0	100,2
Stündliche Kühlwassermenge	kg/Std	60,1	77,0	82,1	133,9	212,4	234	325,5	400	538	644	672	849	1049	1296	1411	1807	1940
Geschwindigkeit des Kühlwassers	m/sec	0,058	0,075	0,0785	0,13	0,203	0,224	0,31	0,381	0,513	0,611	0,642	0,814	0,997	1,23	1,34	1,71	1,84
Kühlwassertemperatur in einer Entfernung von l mm vom Eintritt (elektr. gemessen): l =	0	19,6	20,4	16,1	18,5	17,1	13,7	12,7	15,3	11,8	11,8	14,2	11,7	12,2	11,6	13,5	11,7	11,5
	100	32,8	33,0	27,1		21,7			17,0			16,7		14,0		15,2		
	200	45,8	44,8	36,3	38,6	26,4	24,0	17,9	21,2	15,4	16,1	18,7	13,8	16,5	14,2	16,7	13,7	14,2
	300	56,2		45,2		30,2			23,2			20,6		17,5		17,8		
	400	62,5	65,7	51,9	50,7	34,1	33,9	26,4	27,5	20,7	20,8	22,7	17,5	19,1	16,7	19,3	16,1	16,2
	500	69,1		57,3		37,4			28,3			24,4		20,5		20,3		
	600	73,9	75,3	62,2	59,0	40,5	41,4	33,1	32,2	25,1	24,5	26,2	21,0	21,9	18,9	21,5	17,8	18,5
	700	78,2		66,6		43,2						27,7		23,3		22,5		
	800	81,4	81,6	70,2	66,4	46,1	48,3	39,0	36,1	28,6	28,2	29,7	23,9	25,1	21,6	23,8	20,3	20,6
	900	83,8		72,4		48,8						31,6		26,3		24,6		
	1000		86,3		70,9	50,7	52,5	43,7	39,9	32,9	31,8	33,4	27,6	27,8	24,2	26,2	22,7	22,4
	1100	87,7		76,8		53,1						34,9		28,6		27,2		
	1200		89,0		75,9	55,3	57,3	47,6	43,7	37,1	35,2	36,6	31,0	30,4	27,3	28,3	25,0	24,4
	1300	90,2		81,5								38,3		31,7		29,5		
	1400		90,0		79,7	58,6	61,0	51,8	47,4	41,4	38,8	40,2	34,0	33,4	30,0	30,1	27,7	26,6
	1500	91,8		85,2								41,9				31,6		
	1600		93,4	87,5	83,2	62,9	66,1	55,6	51,1	44,3	41,5	43,3	36,2	35,5	32,0	32,6	29,6	28,6
	1700	93,8										44,9				34,2		
	1800		92,8	89,5	85,5	67,1	69,5	59,4	54,2	47,3	44,8	46,7	38,9	37,7	33,7	35,3	31,1	30,3
	1900	95,0										47,8				36,0		
	2000		96,1	91,3	86,3	69,7	71,5	63,2	57,5	50,8	48,1	49,0	41,5	40,5	35,6	37,2	32,8	32,3
	2100											50,2				38,5		
	2200		97,0	92,7	88,5	71,8	74,1	64,8	60,2	52,7	50,6	51,7	43,4	43,0	37,4	39,7	34,8	34,1
	2300	97,4										53,0				40,5		
	2400		97,9	94,2	89,8	74,0	75,8	68,2	62,1	55,1	53,2	54,2	46,5	45,1	40,5	41,4	36,2	35,6
	2500								64,7			55,5				42,4		
	2600	99,0	98,5	95,3	92,0	76,7	79,0	70,7	66,1	57,9	56,2	56,9	48,9	47,9	43,0	44,1	38,4	38,3
Art des Wirbelstücks Nr.		1	2	1	2	1	2	2	1	2	1	1	2	1	2	1	2	1

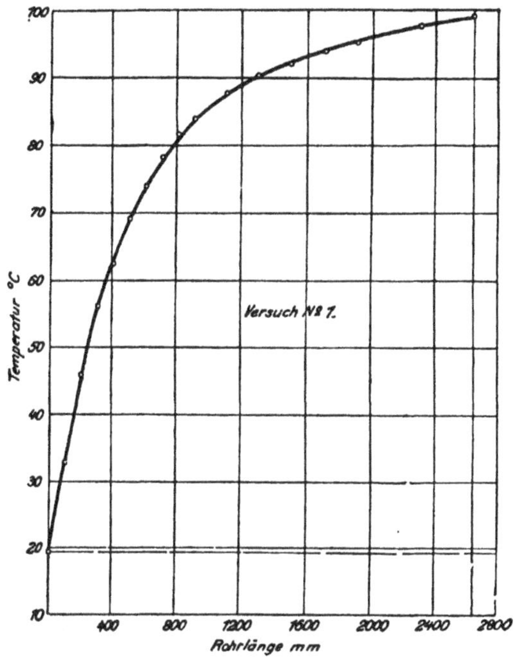
Versuch № 1.
Temperatur °C
Rohrlänge mm

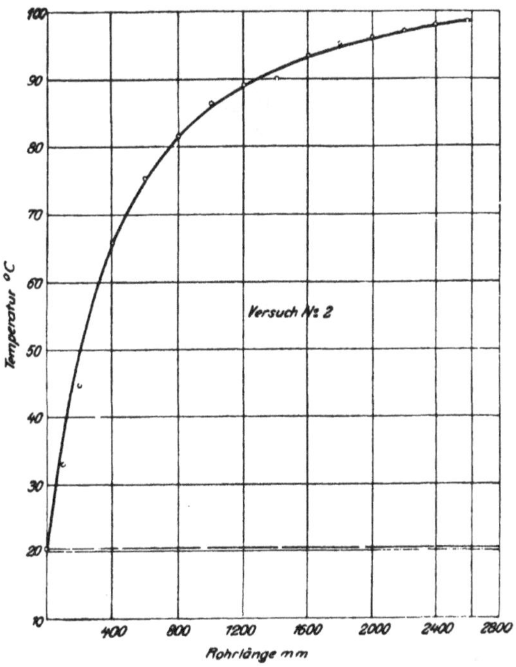
Versuch № 2
Temperatur °C
Rohrlänge mm

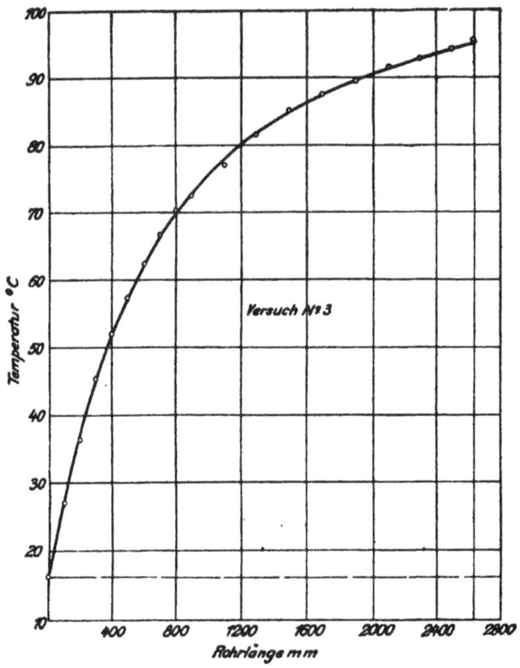
Versuch № 3
Temperatur °C
Rohrlänge mm

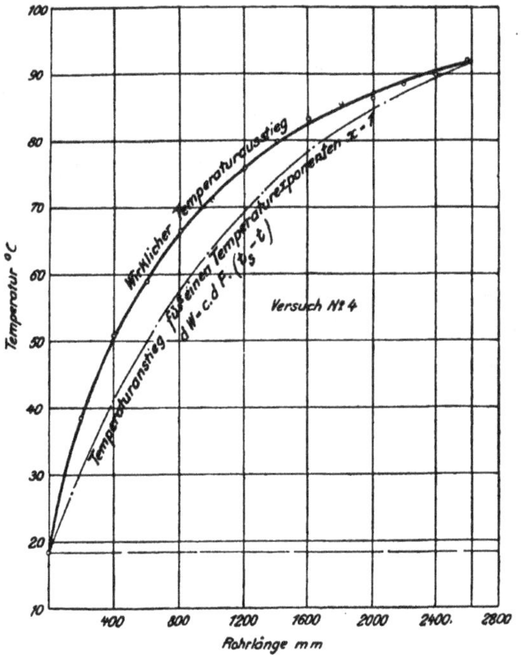
Versuch № 4
Wirklicher Temperaturanstieg
Temperaturanstieg für einen Temperaturexponenten
Temperatur °C
Rohrlänge mm

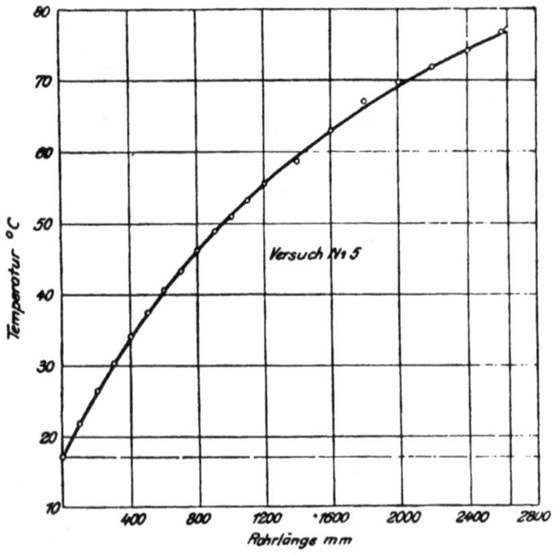
Temperatur °C
10
20
30
40
50
60
70
80
Versuch Nr 5
400 800 1200 1600 2000 2400 2800
Rohrlänge mm

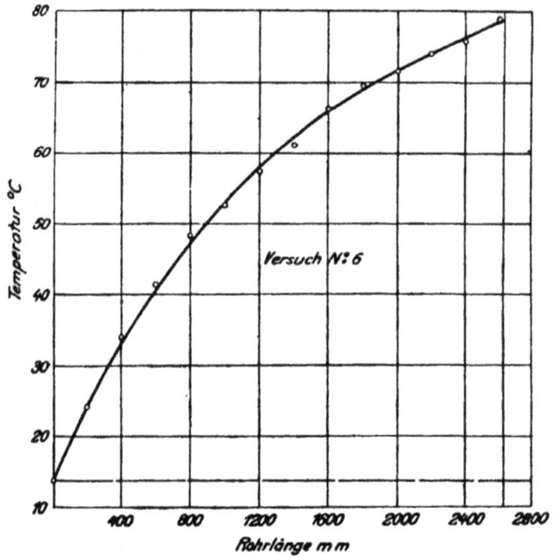
Temperatur °C
10
20
30
40
50
60
70
80
Versuch N: 6
400 800 1200 1600 2000 2400 2800
Rohrlänge mm

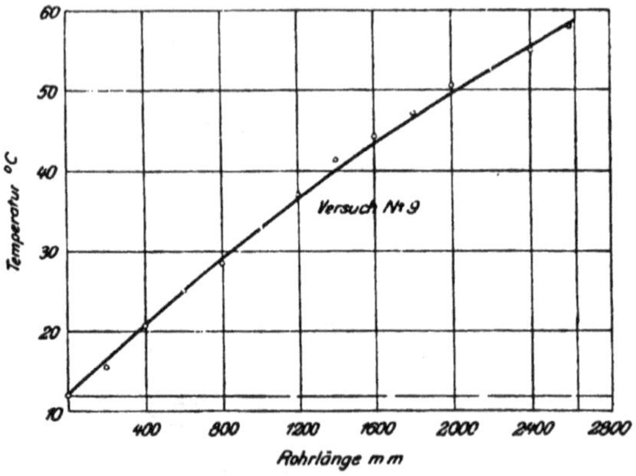
Temperatur °C
10
20
30
40
50
60
Versuch Nr 9
400 800 1200 1600 2000 2400 2800
Rohrlänge mm

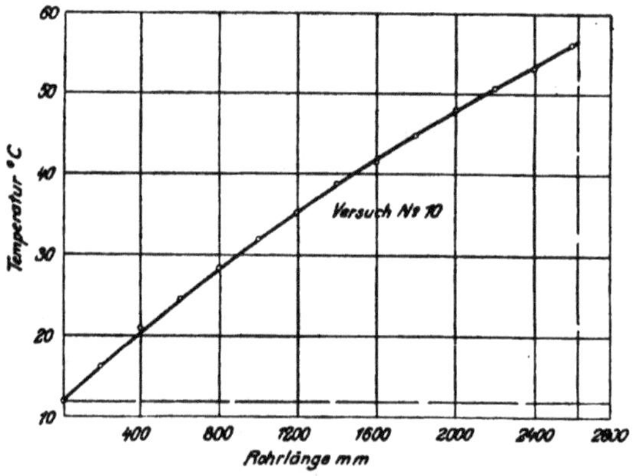
Temperatur °C
10
20
30
40
50
60
Versuch Nr 10
400 800 1200 1600 2000 2400 2800
Rohrlänge mm

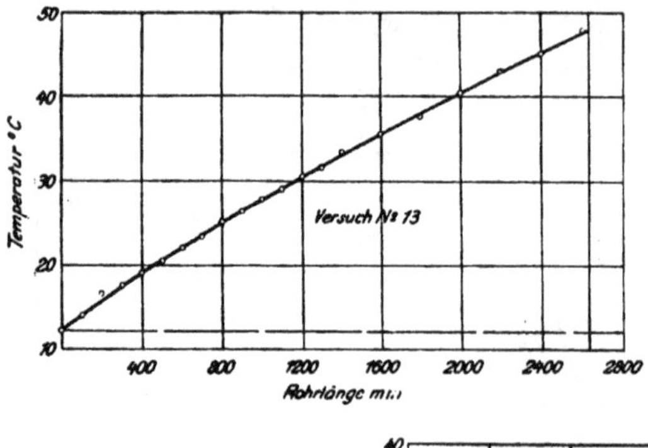
Temperatur °C
10
20
30
40
50
Versuch Nr 13
400 800 1200 1600 2000 2400 2800
Rohrlänge mm

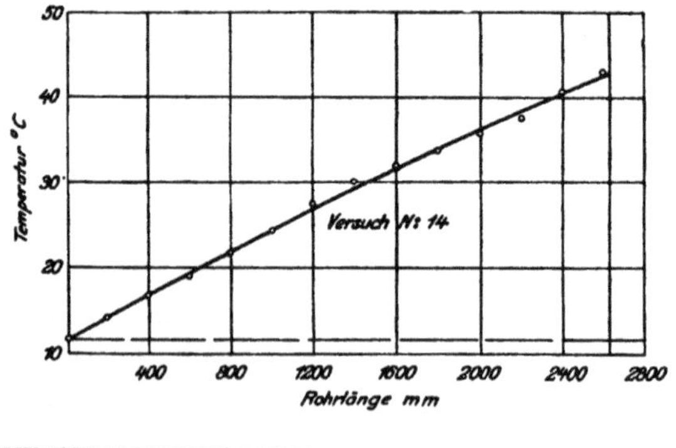
Temperatur °C
10
20
30
40
50
Versuch Nr 14
400 800 1200 1600 2000 2400 2800
Rohrlänge mm

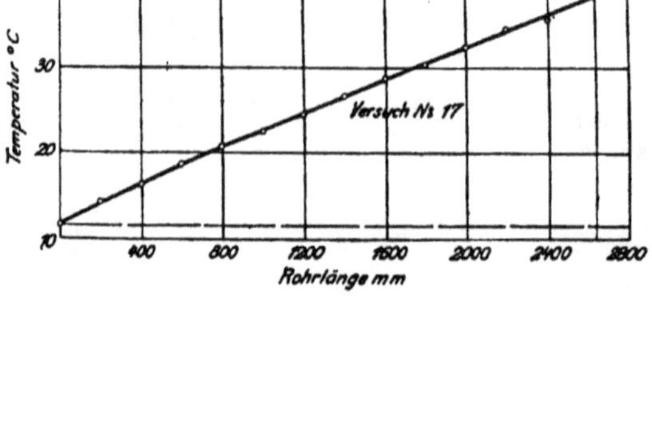
Temperatur °C
10
20
30
40
Versuch Nr 17
400 800 1200 1600 2000 2400 2800
Rohrlänge mm

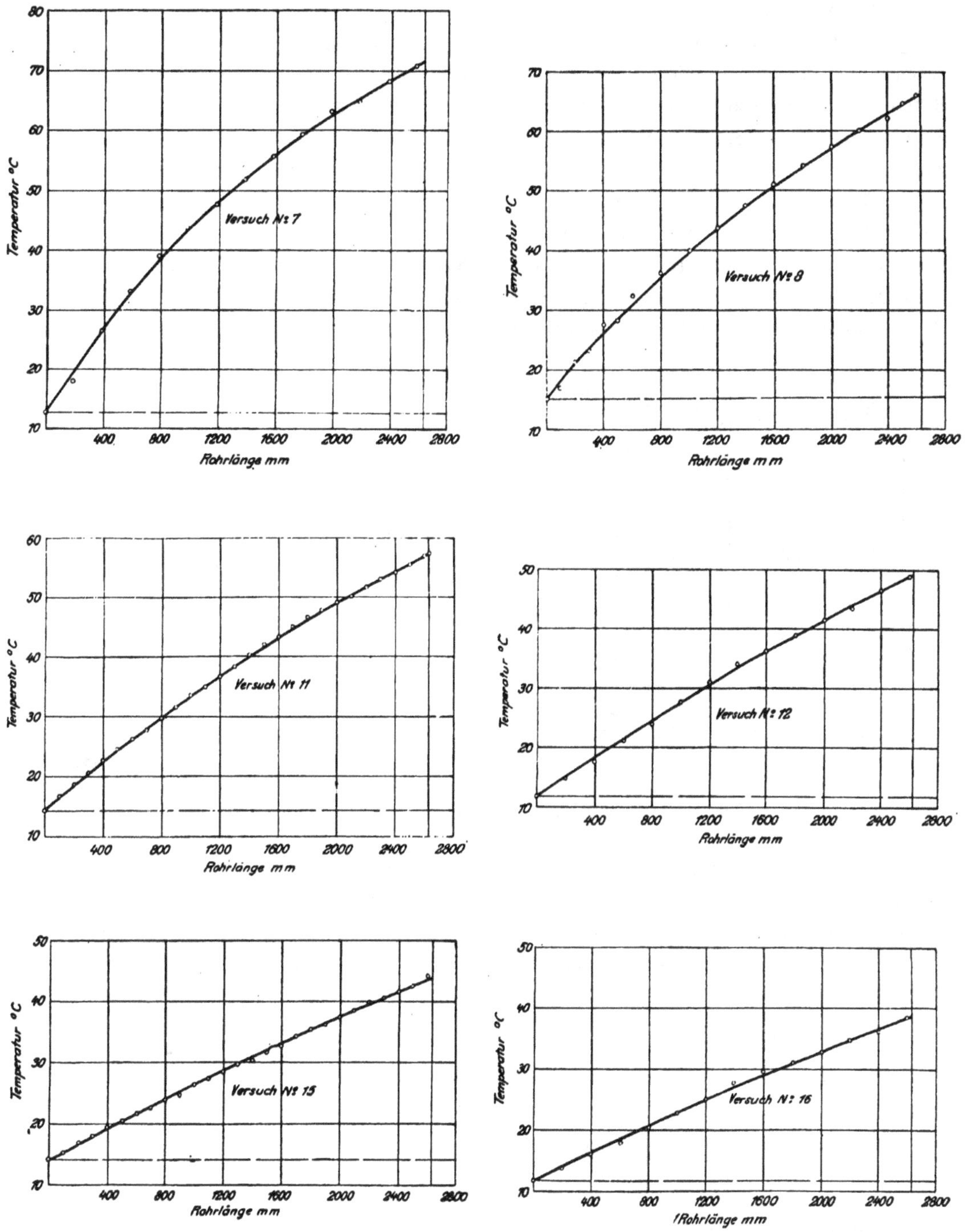

Fig. 9 bis 25. Kurven des Temperaturanstiegs. Erste Versuchsreihe; Dampf von atmosphärischer Spannung.

Zur Ermittelung der Temperaturexponenten sind die Versuche folgendermaßen weiter verarbeitet worden. Zunächst ist für jeden Versuch der Anstieg der Wassertemperatur mit der Länge des Rohres (bzw. mit der Heizfläche) graphisch aufgetragen worden (Fig. 9 bis 25). Man erkennt, daß die Genauigkeit der Messungen eine sehr gute ist. Um den Einfluß der Temperaturdifferenz zwischen Dampf und Kühlwasser auf die Wärmeübertragung zu bestimmen, wird das Kondensatorrohr in Stücke von 400 mm Länge zerlegt gedacht (Fig. 26). Die Kühlfläche jedes Stückes sei $\alpha \cdot F$, wenn F die gesamte Kühlfläche des Rohres bedeutet. Die Wassertemperaturen an den Enden der Abschnitte seien t_1 bis t_7, die mittleren Wassertemperaturen in den einzelnen Abschnitten t_m^1 bis t_m^6. Bei stärkerer Krümmung der Kurve wird t_m^n durch Planimetrieren des betreffenden Flächenstücks ermittelt, bei flachem Verlauf der Kurve dagegen, der bei allen größeren Wassergeschwindigkeiten eintritt, kann genau genug gesetzt werden: $t_m^n = \frac{1}{2}(t_n + t_{n+1})$. Die Sättigungstemperatur des Dampfes ist beim Eintritt zu t_{s1}, beim Austritt zu t_{s2} bestimmt worden.

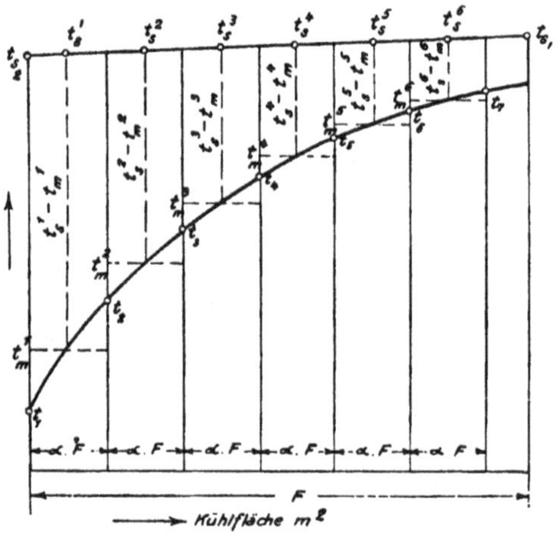

Fig. 26.

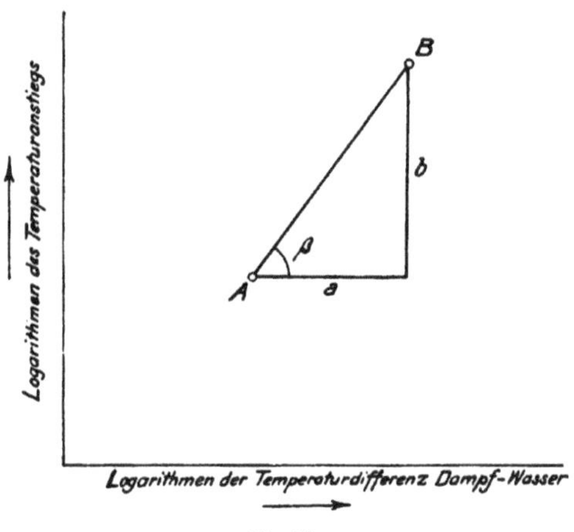

Fig. 27.

Zwischen diesen beiden Grenzen ist ein geradliniger Verlauf der Temperatur angenommen worden. Da der Unterschied zwischen t_{s1} und t_{s2} nur gering ist, so kann dieser angenommene Verlauf nur unwesentlich vom wirklichen abweichen. Die Mittelwerte der Sättigungstemperaturen des Dampfes in den einzelnen Abschnitten seien t_s^1 bis t_s^6 (s. Fig. 26). Es gilt nun für einen beliebigen Abschnitt:

$$W_n = c \cdot \alpha \cdot F \cdot (t_s^n - t_m^n)^x \quad \ldots \ldots \ldots \ldots (1)$$

Hierin bedeutet:

W_n die übertragene Wärmemenge in WE/Std.,
c eine Konstante.
x ist der gesuchte Temperaturexponent.

Es ist aber auch

$$W_n = Q\,(t_{n+1} - t_n), \quad \ldots \ldots \ldots \ldots (2)$$

wenn Q die stündliche Kühlwassermenge in kg/Std. bezeichnet. Durch Vereinigung der Gleichung (1) und (2) folgt

$$c \cdot \alpha \cdot F\,(t_s^n - t_m^n)^x = Q\,(t_{n+1} - t_n) \quad \ldots \ldots \ldots \ldots (3)$$

Ebenso läßt sich für den folgenden Abschnitt ableiten

$$c \cdot \alpha \cdot F\,(t_s^{n+1} - t_m^{n+1})^x = Q\,(t_{n+2} - t_{n+1}) \quad \ldots\ldots\ldots \quad (4)$$

Logarithmiert man die Gleichung (3) und (4), so erhält man

$$\log c \cdot \alpha \quad F + x \cdot \log\,(t_s^n - t_m^n) = \log Q + \log\,(t_{n+1} - t_n)$$

und

$$\log c \cdot \alpha \cdot F + x \cdot \log\,(t_s^{n+1} - t_m^{n+1}) = \log Q + \log\,(t_{n+2} - t_{n+1}),$$

sowie durch Subtraktion

$$x\,[\log\,(t_s^n - t_m^n) - \log\,(t_s^{n+1} - t_m^{n+1})] = \log\,(t_{n+1} - t_n) - \log\,(t_{n+2} - t_{n+1}).$$

Somit wird

$$x = \frac{\log\,(t_{n+1} - t_n) - \log\,(t_{n+2} - t_{n+1})}{\log\,(t_s^n - t_m^n) - \log\,(t_s^{n+1} - t_m^{n+1})}.$$

Man erhält den Temperaturexponenten x am einfachsten, wenn man in ein Koordinatensystem die Logarithmen der Temperaturdifferenzen Dampf-Kühlwasser als Abszissen, die

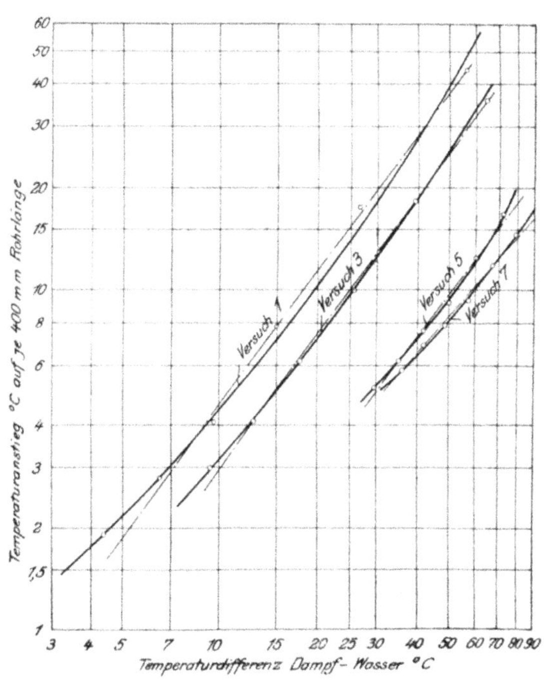

Fig. 28.

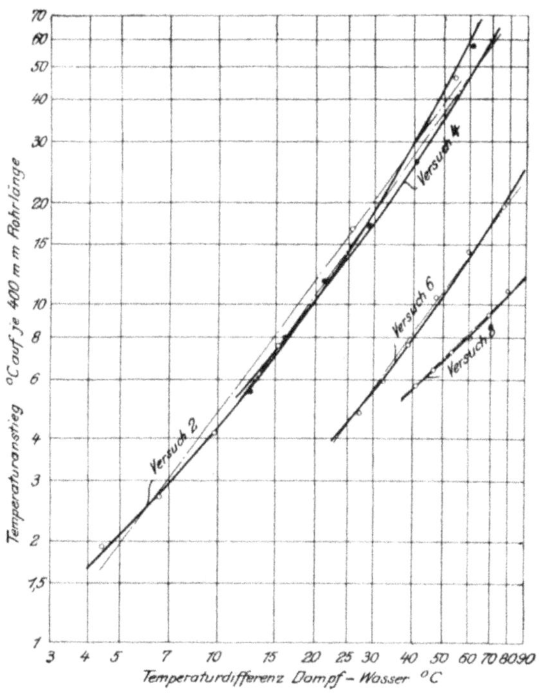

Fig. 28 a.

Logarithmen der Wassererwärmung als Ordinaten aufträgt (Fig. 27). Aus den zusammengehörigen Werten für jeden Abschnitt ergeben sich die Punkte A und B. Die Strecke a ist dann gleich

$$\log\,(t_s^n - t_m^n) - \log\,(t_s^{n+1} - t_m^{n+1}),$$

die Strecke b gleich

$$\log\,(t_{n+1} - t_n) - \log\,(t_{n+2} - t_{n+1}),$$

so daß man für x auch schreiben kann

$$x = \frac{b}{a} = \operatorname{tg} \beta \quad \ldots\ldots\ldots\ldots \quad (5)$$

Der Temperaturexponent ist also gleich dem Tangens des Neigungswinkels der Strecke *AB*. In gleicher Weise werden die übrigen Punkte aufgetragen und ergeben durch ihre Lage zueinander ein Maß für den Temperaturexponenten. Zweckmäßig wird zur Auftragung logarithmisches Papier verwendet. Ein Beispiel möge den Rechnungsvorgang erläutern. Für Versuch 1 ist die Wassertemperatur bei

$l =$	0	400	800	1200	1600	2000	2400
$t =$	91,6	63,7	81,2	89,0	93,1	95,9	97,8

und zwar sind diese Temperaturen aus der Kurve abgegriffen, da durch Verzeichnen der Kurve die Fehler der Einzelmessungen möglichst ausgeglichen werden. In Tabelle 2 findet sich in der

Tabelle 2.

Nummer des Rohrabschnittes	Anstieg der Wassertemperatur $t_{n+1}-t_n$ °C	Mittlere Sättigungstemperatur der Dampfes t_s" °C	Mittlere Wassertemperatur t_m" °C	Mittlere Temperaturdifferenz zwischen Dampf und Wasser $t_{sn}-t_m$" °C
1 (0—400)	44,1	100,1	44,0	56,1
2 (400—800	17,5	100,3	73,6	26,7
3 (800—1200)	7,8	100,6	85,5	15,1
4 (1200—1600)	4,1	100,9	91,2	9,7
5 (1600—2000)	2,8	101,1	94,6	6,5
6 (2000—2400)	1,9	101,4	97,0	4,4

ersten Spalte der Anstieg der Wassertemperatur, in der letzten die mittlere Temperaturdifferenz zwischen Dampf und Wasser. Trägt man die Werte auf logarithmisches Papier auf, so erhält man Fig. 28. Die Punkte sind durch eine vermittelnde Kurve verbunden. Man erkennt, daß **der**

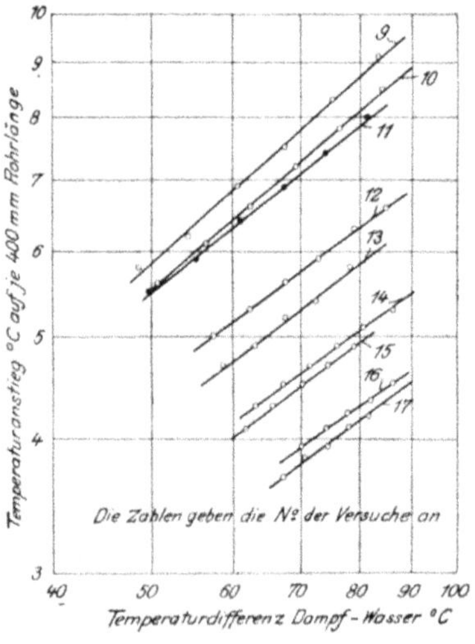

Fig. 29.

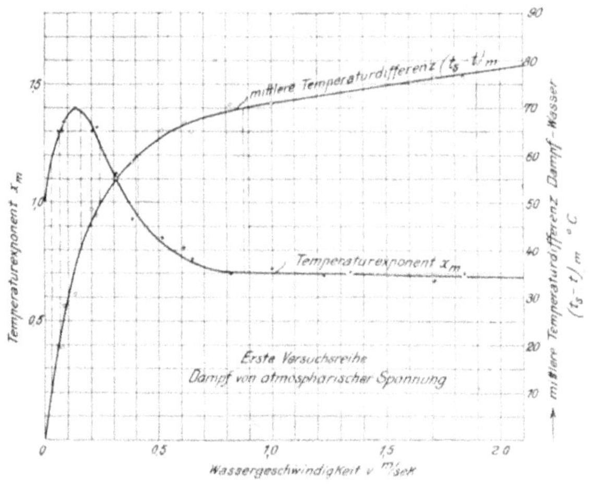

Fig. 30. **Mittlere Temperaturexponenten.**

Temperaturexponent nicht konstant ist, sondern sich mit der Temperaturdifferenz ändert, und zwar ist er für die bei Versuch 1 bis 8 vorkommenden Wassergeschwindigkeiten bei größeren Temperaturdifferenzen größer, bei kleineren kleiner.

siehe Fig. 28 und 28 a, in welchen die Resultate der Versuche 2 bis 8 graphisch dargestellt sind. Der Temperaturexponent für irgendeine Temperaturdifferenz ergibt sich aus der Neigung der Tangente der Kurve an der betreffenden Stelle. Außerdem sind die Punkte durch eine vermittelnde Gerade verbunden worden, um aus deren Neigung den mittleren Temperaturexponenten für die mittlere Temperaturdifferenz zwischen Dampf und Wasser bestimmen zu können. Die gewonnenen Werte sind in Tabelle 3 zusammengestellt, in welche ebenfalls die Wassergeschwindigkeiten eingetragen sind. Es ergibt sich hieraus, daß der Temperaturexponent auch von der Wassergeschwindigkeit abhängt, und zwar fällt er mit steigender Geschwindigkeit. Ehe auf die Gesetzmäßigkeit dieser Veränderlichkeit näher eingegangen wird, seien die Ergebnisse der

Tabelle 3.

Werte des Temperaturexponenten.

Versuchsreihe 1; Dampf von atmosphärischer Spannung.

Temperaturdifferenz Dampf-Wasser $t_s - t$ °C	Versuch Nr.							
	1	2	3	4	5	6	7	8
10	1,13	1,14	1,11	—	—	—	—	—
20	1,32	1,37	1,24	1,23	—	—	—	—
30	1,45	1,53	1,35	1,35	1,07	1,18	0,92	—
40	1,56	1,68	1,47	1,41	1,20	1,24	1,04	0,84
50	1,68	1,81	1,52	1,51	1,37	1,35	1,10	0,91
60	1,78	1,90	1,62	1,60	1,50	1,49	1,19	0,95
70	—	—	—	1,70	1,60	1,57	1,30	1,00
Wasser-geschwindigkeit $v^m/_{sec}$	0,058	0,075	0,0785	0,13	0,203	0,224	0,31	0,381
Mittlerer Temperaturexponent x_m	1,30	1,30	1,34	1,40	1,30	1,32	1,12	0,93
Mittlere Temperaturdifferenz Dampf-Wasser $(t_s - t)_m$ °C	19,8	19,4	28,2	30,7	48,4	47,1	55,1	58,5

folgenden Versuche besprochen. In Fig. 29 sind die Resultate der Versuche 9 bis 17 graphisch dargestellt. Bei größerer Geschwindigkeit des Wassers ändert sich die Temperaturdifferenz zwischen Dampf und Wasser nicht mehr in hohem Maße, so daß die Punkte durch gerade Linien verbunden werden können. Der Temperaturexponent bezieht sich dann natürlich auf die mittlere Temperaturdifferenz zwischen Dampf und Wasser. Die Zahlenwerte sind in Tabelle 4 enthalten. Die Werte von x_m und $(t_s - t)_m$ sind nun in Fig. 30 in Abhängigkeit von der Wassergeschwindigkeit aufgetragen. Die Darstellung gibt zunächst ein Bild über die Beeinflussung des mittleren Temperaturexponenten durch die Wassergeschwindigkeit bei einer Dampftemperatur von rd. 100° C, einer Wassereintrittstemperatur von rd. 12° C und bei gegebenen Rohrabmessungen. Bei Wassergeschwindigkeiten von weniger als 0,13 m/Sek. fällt x_m wieder, da dann die Wassertemperatur sehr rasch ansteigt (vgl. Fig. 9 und 10) und die auftretenden kleinen Temperaturdifferenzen $t_s - t$

auf Verkleinerung von x_m hinwirken. Durch Vergleich von Fig. 30 mit Tabelle 1 erkennt man, daß sich die Werte von x_m mit Wirbelstück 2 etwas niedriger ergeben haben als mit Wirbelstück 1, doch ist der Unterschied nur unbedeutend.

Tabelle 4.

Versuch Nr.	Mittlerer Temperaturexponent x_m	Mittlere Temperaturdifferenz Dampf-Wasser $(t_s-t)_m$ °C
9	0,85	65,0
10	0,81	66,7
11	0,76	64,9
12	0,70	70,8
13	0,72	70,9
14	0,69	74,2
15	0,70	72,5
16	0,67	76,4
17	0,70	76,5

Eine zweite Versuchsreihe wurde bei einer Dampfspannung von rd. 0,2 Atm. abs., entsprechend 80 v. H. Vakuum, durchgeführt. Hierbei war der Apparat an den Oberflächenkondensator der AEG-Turbine des Laboratoriums angeschlossen, und zwar war die Verbindungsleitung mit stetigem Gefälle verlegt. Im Kondensator herrschte ein Vakuum von rd. 90 v. H., so daß der Dampf am ganzen Versuchsrohr entlangströmte und ein Stagnieren von etwa vorhandener Luft mit Sicherheit vermieden wurde. Die Versuchswerte enthält Tabelle 5. In den Fig. 31 bis 45 ist der Anstieg der Wassertemperatur mit der Rohrlänge graphisch dar-

Tabelle 5.

Zweite Versuchsreihe.

Dampf bei rd. 80 % Vakuum.

Versuch Nr.		18	19	20	21	22	23	24	25	26	27	28	29	30	31	32
Datum des Versuchs	1911	19. 8.	19. 8.	17. 8.	17. 8.	23. 8.	15. 8.	6. 10.	15. 8.	4. 10.	23. 8.	4. 10.	3. 10.	17.11.	3. 10.	29. 8.
Barometerstand	mm/Hg-S (0°)	754	754	758,8	758,7	752,5	752	761,7	753	758,7	752,5	758,7	754,5	750	754,5	757,5
Dampfunterdruck b. Eintritt p_1 »	» »	606,2	607	611	611,5	605,5	605,7	613,5	606,1	611,5	605,5	611,5	605,5	604,5	605,5	610,5
» » Austritt p_2 »	» »	608,2	609	613	613,5	607,5	607,7	615,5	608,1	613,5	607,5	613,5	607,5	606,5	607,5	612,5
Dampftemperatur b. Eintritt (Sättigungstemperatur) t_{s1}	°C	59,8	59,7	59,8	59,8	59,7	59,6	59,9	59,7	59,7	59,7	59,7	60,0	59,8	60,0	59,7
Dampftemperatur b. Austritt (Sättigungstemperatur t_{s2}	°C	59,6	59,4	59,6	59,5	59,4	59,3	59,6	59,4	59,4	59,4	59,4	59,7	59,5	59,7	59,4
Stündl. Kühlwassermenge	kg/Std.	47,6	80,6	144,3	245,4	299	480	553	626	746	858	957	1006	1279	1350	1568
Geschwindigkeit des Kühlwassers .	m/sec	0,0454	0,0766	0,137	0,232	0,283	0,455	0,523	0,592	0,707	0,810	0,907	0,955	1,21	1,28	1,48
Kühlwassertemperatur in einer Entfernung von l mm vom Eintritt (elektr. gemessen): l = ...	0	14,9	14,4	13,4	12,7	12,1	12,5	12,1	11,8	11,6	11,2	11,6	11,5	11,2	11,3	11,2
	200	26,6	23,7	17,6	15,2	14,6	14,2	14,2	13,3	13,4	12,7	13,4	13,0	13,0	12,5	12,7
	400	32,3	28,1	21,0	17,8	16,4	16,1	15,5	15,0	15,2	14,2	14,7	14,5	14,6	13,7	13,8
	600	37,6	31,9	23,0	19,9	18,9	17,8	17,3	16,7	17,1	15,9	16,1	15,6	15,5	14,7	14,8
	800	41,5	35,5	25,7	21,7	21,0	19,6	19,4	18,6	19,0	17,5	17,7	17,3	16,7	16,3	16,5
	1000	46,8	37,8	28,8	24,3	23,0	21,5	20,9	20,6	20,4	19,1	19,6	19,0	18,3	17,4	17,4
	1200	49,8	41,0	31,1	26,4	24,8	23,3	22,3	22,0	22,1	20,4	21,2	20,4	19,4	18,8	18,5
Bei allen Versuchen Wirbelstück Nr. 2	1400	50,5	42,9	32,7	28,7	27,1	24,9	23,5	23,4	23,8	22,2	21,9	21,8	21,6	20,3	19,6
	1600	52,1	43,4	34,4	30,2	28,9	26,3	25,7	24,6	25,2	23,3	23,6	22,8	22,6	21,2	20,7
	1800	53,1	45,3	36,4	31,8	30,1	27,9	27,5	26,0	27,1	24,5	25,0	24,4	23,2	22,3	21,7
	2000	54,2	48,1	38,7	32,4	32,5	29,1	28,9	27,1	28,7	25,8	26,1	25,7	24,2	23,3	22,7
	2200	55,6	48,6	40,0	34,1	33,1	30,3	29,5	28,5	29,5	26,7	27,4	26,9	25,5	24,4	23,4
	2400	56,6	49,3	40,7	36,0	34,3	31,5	31,3	29,8	30,9	27,9	29,0	28,3	27,0	25,5	25,0
	2600	57,0	49,8	42,3	36,6	36,0	32,7	32,4	31,0	32,0	29,0	30,5	29,6	26,4	26,9	25,7

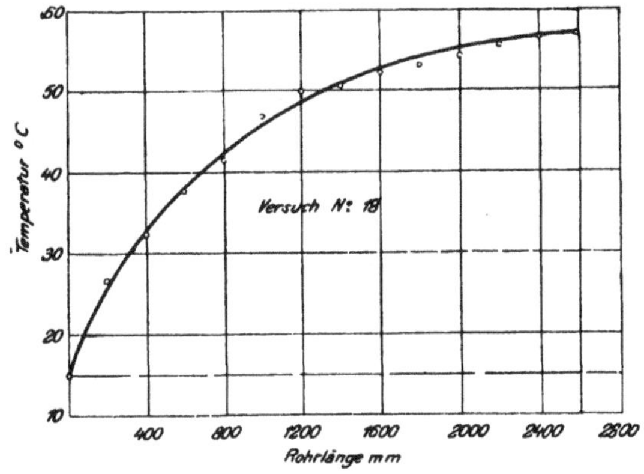
60
50
40
30
20
10
Temperatur °C
Versuch Nr. 18
400 800 1200 1600 2000 2400 2800
Rohrlänge mm

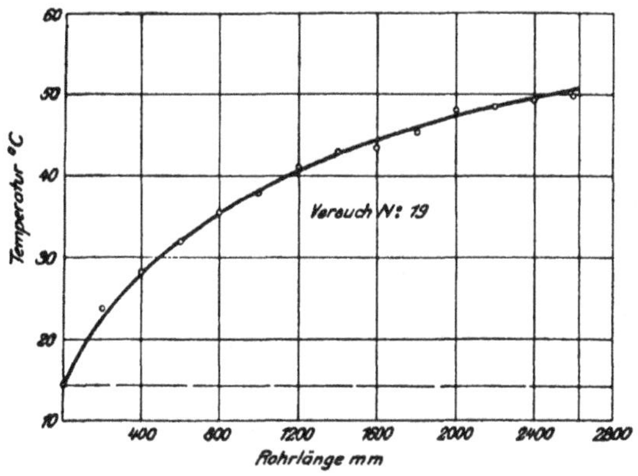
60
50
40
30
20
10
Temperatur °C
Versuch Nr. 19
400 800 1200 1600 2000 2400 2800
Rohrlänge mm

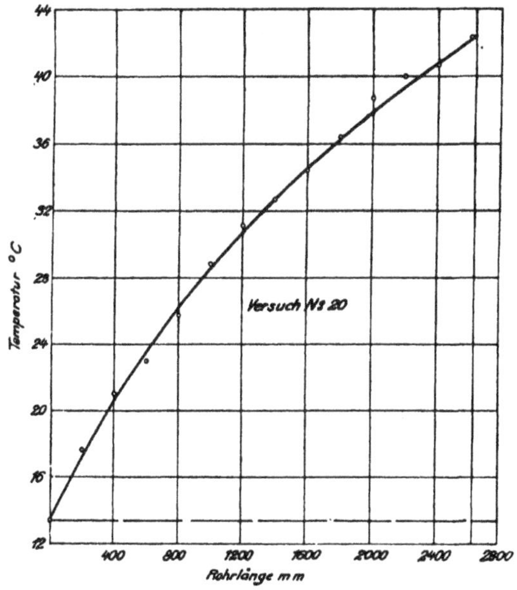
44
40
36
32
28
24
20
16
12
Temperatur °C
Versuch Nr. 20
400 800 1200 1600 2000 2400 2800
Rohrlänge mm

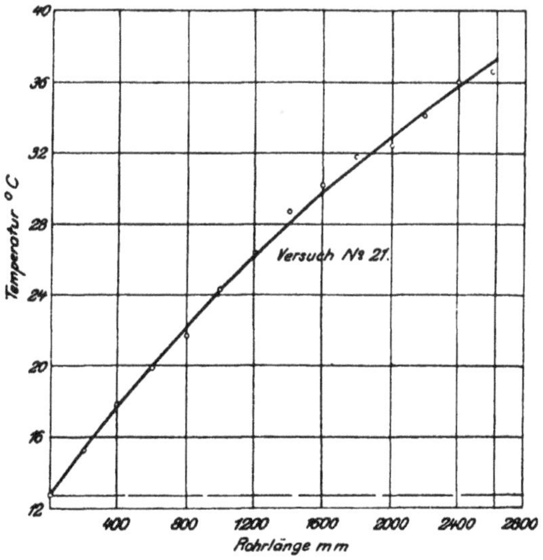
40
36
32
28
24
20
16
12
Temperatur °C
Versuch Nr. 21
400 800 1200 1600 2000 2400 2800
Rohrlänge mm

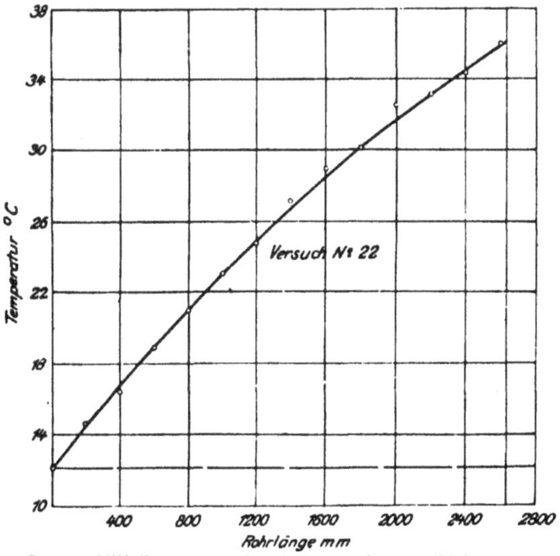
38
34
30
26
22
18
14
10
Temperatur °C
Versuch Nr. 22
400 800 1200 1600 2000 2400 2800
Rohrlänge mm

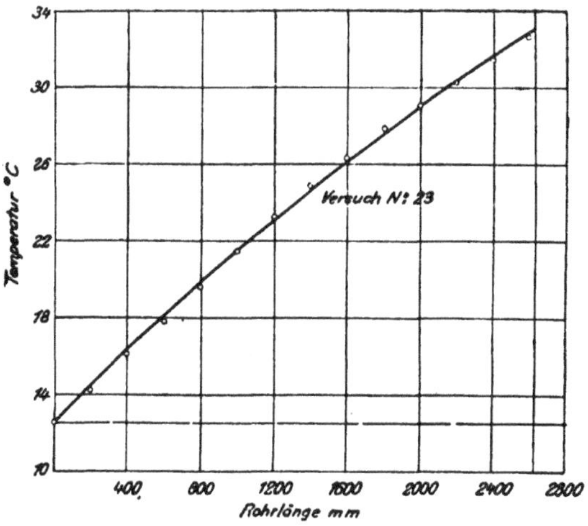
34
30
26
22
18
14
10
Temperatur °C
Versuch Nr. 23
400 800 1200 1600 2000 2400 2800
Rohrlänge mm

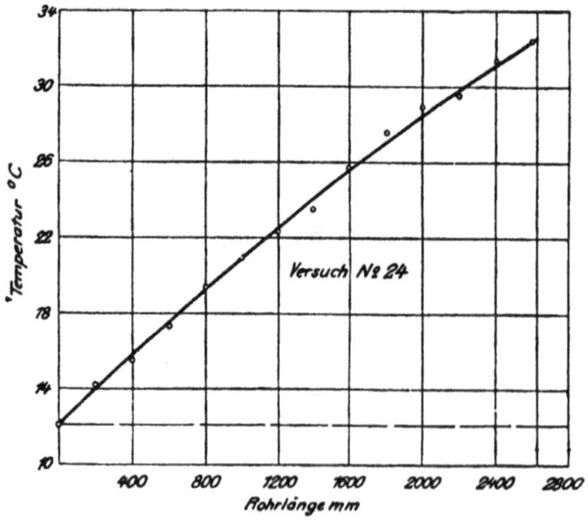
Temperatur °C
Versuch Nr. 24
Rohrlänge mm
10
14
18
22
26
30
34
400
800
1200
1600
2000
2400
2800

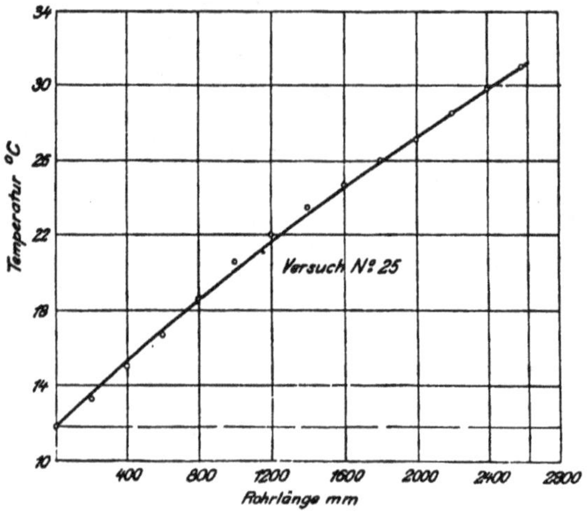
Temperatur °C
Versuch Nr. 25
Rohrlänge mm
10
14
18
22
26
30
34
400
800
1200
1600
2000
2400
2800

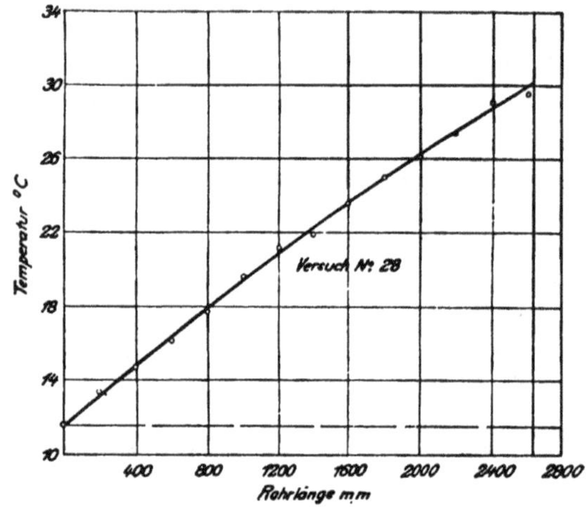
Temperatur °C
Versuch Nr. 28
Rohrlänge mm
10
14
18
22
26
30
34
400
800
1200
1600
2000
2400
2800

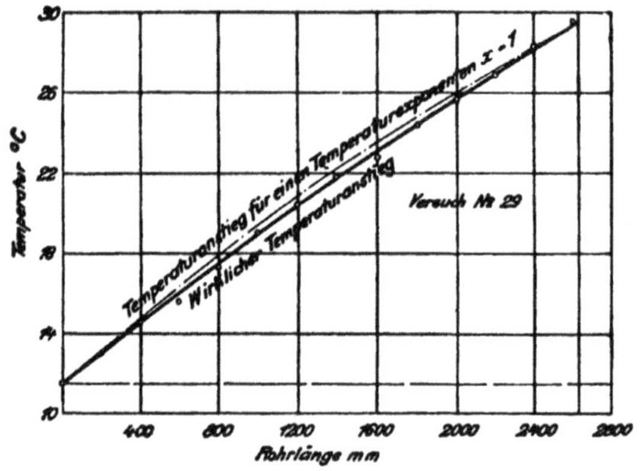
Temperatur °C
Temperaturanstieg für einen Temperaturexponenten x = 1
Wirklicher Temperaturanstieg
Versuch Nr. 29
Rohrlänge mm
10
14
18
22
26
30
400
800
1200
1600
2000
2400
2800

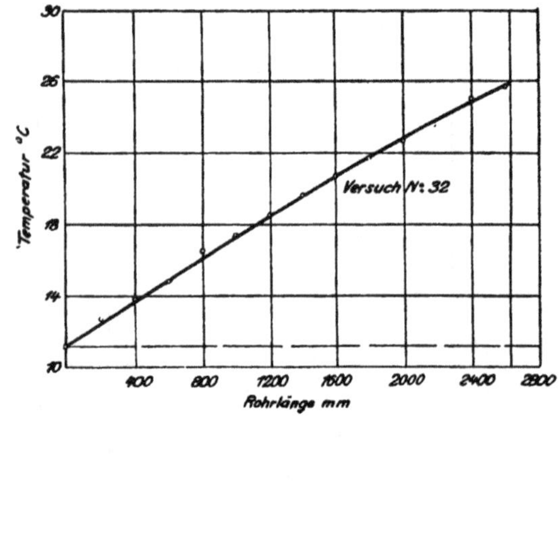
Temperatur °C
Versuch Nr. 32
Rohrlänge mm
10
14
18
22
26
30
400
800
1200
1600
2000
2400
2800

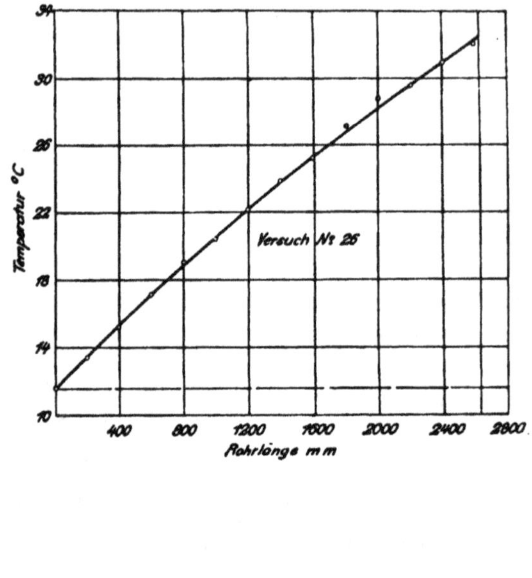
Temperatur °C
Versuch Nr. 26
Rohrlänge mm
10
14
18
22
26
30
34
400
800
1200
1600
2000
2400
2800

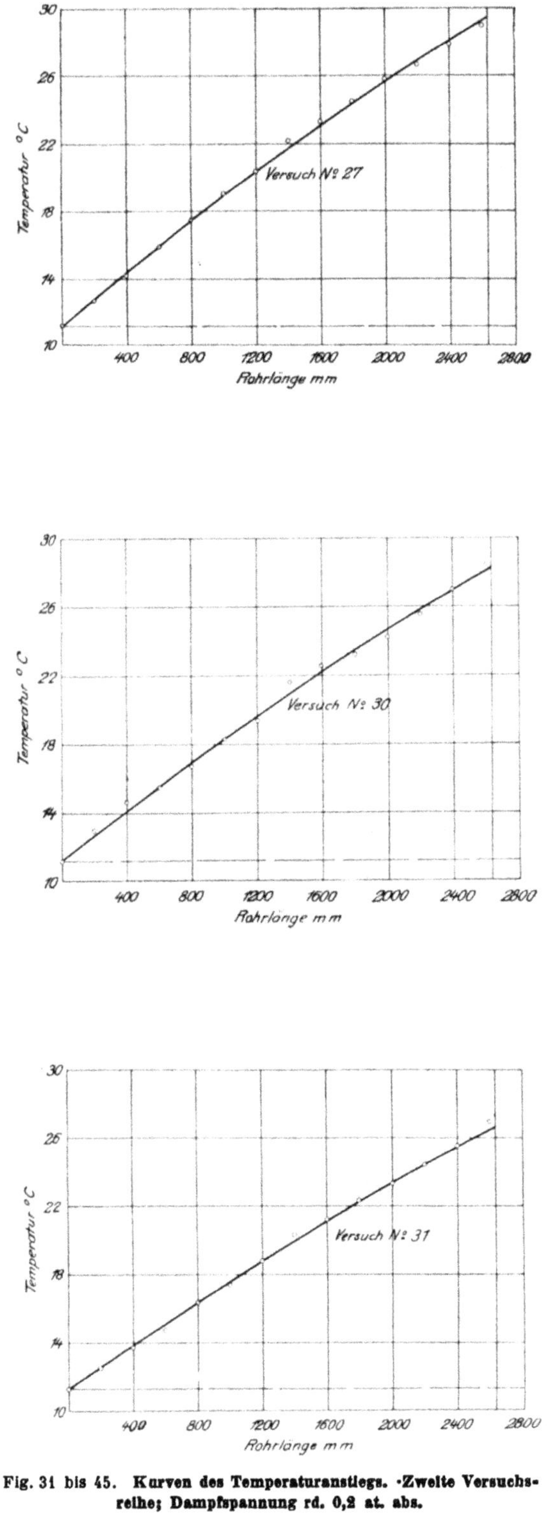

Fig. 31 bis 45. **Kurven des Temperaturanstiegs. Zweite Versuchsreihe; Dampfspannung rd. 0,2 at. abs.**

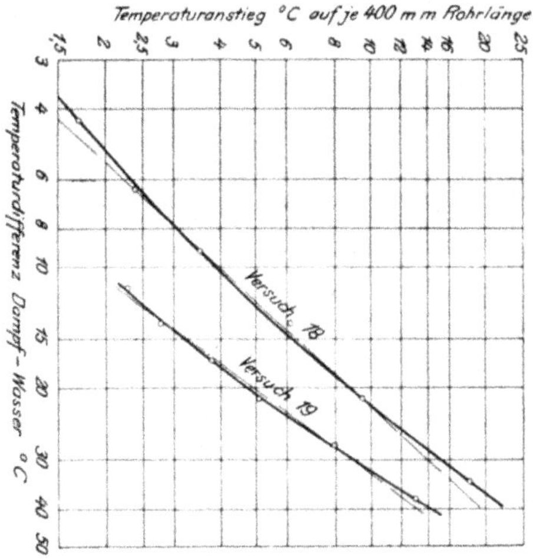

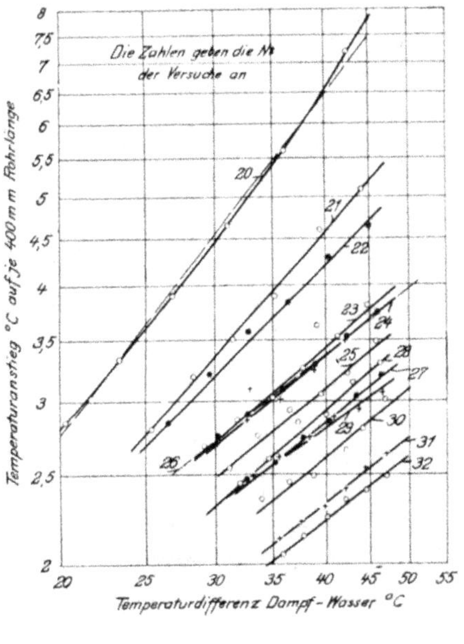

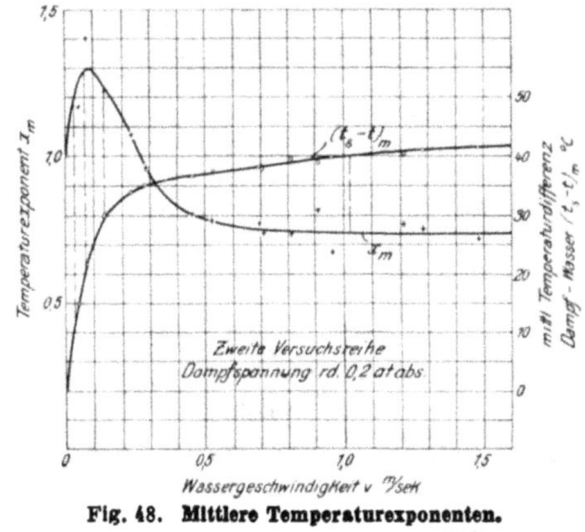

Fig. 48. **Mittlere Temperaturexponenten.**

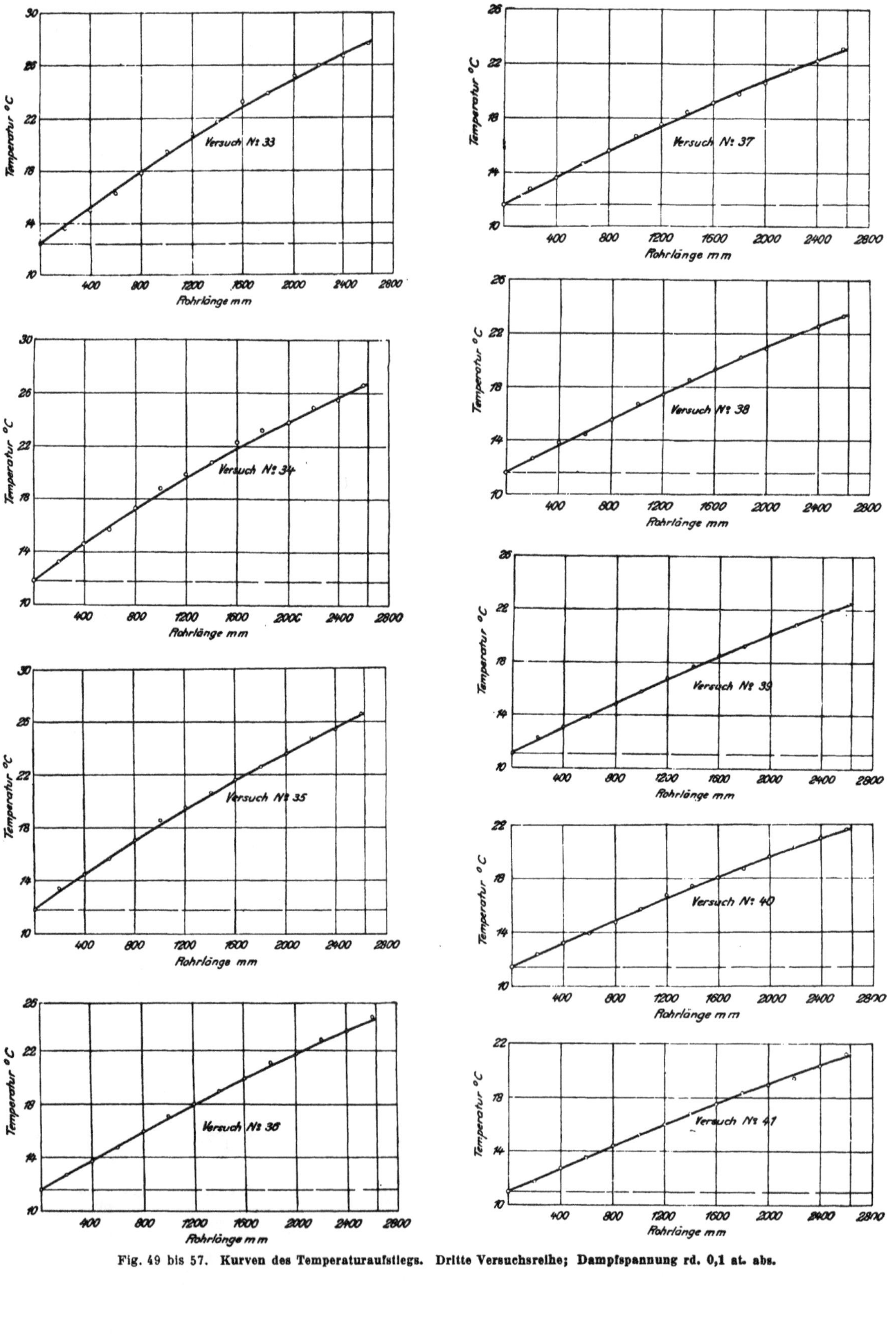

Fig. 49 bis 57. **Kurven des Temperaturaufstiegs. Dritte Versuchsreihe; Dampfspannung rd. 0,1 at. abs.**

gestellt. Die weitere Bearbeitung wie bei Versuchsreihe 1 liefert die Fig. 46 und 47 zur Ermittelung der Temperaturexponenten, die für Versuch 18 bis 20 in Tabelle 6, für Versuch 21 bis 32 in Tabelle 7 angegeben sind. Durch Vergleich der Werte von x für Versuch 18 bis 20 mit denjenigen von Versuch 1, 2 und 4 (Tabelle 3), die etwa bei gleicher Geschwindigkeit des Wassers ausgeführt sind, erkennt man, daß für gleiche Temperaturdifferenzen x etwa gleiche Werte annimmt, daß also die absolute Höhe der Dampf- bzw. der Wassertemperatur ohne Einfluß auf den Temperaturexponenten ist. Es ist ja auch ohne weiteres einleuchtend, daß nur die Temperaturdifferenzen, nicht die Temperaturen selbst, einen wesentlichen Einfluß auf x haben werden. In Fig. 48 sind die Werte von x_m und $(t_s - t)_m$ aus Tabelle 6 und 7 in Abhängigkeit von der Wassergeschwindigkeit aufgetragen, entsprechend Fig. 30 für Versuchsreihe 1.

Tabelle 6.

Werte des Temperaturexponenten.

Versuchsreihe 2; Dampf von rd. 0,2 Atm. abs.

Temperaturdifferenz Dampf-Wasser t_s-t °C	Versuch Nr. 18	19	20
10	1,10	1,17	—
20	1,26	1,45	1,11
30	1,40	1,57	1,24
40	1,48	1,60	1,42
Wassergeschwindigkeit v m/sec.	0,0454	0,0766	0,137
Mittlerer Temperaturexponent x_m	1,17	1,4	1,22
Mittlere Temperaturdifferenz Dampf-Wasser $(t_s-t)_m$ °C	14,9	21,5	30,0

Tabelle 7.

Versuch Nr.	Mittlerer Temperaturexponent x_m	Mittlere Temperaturdifferenz Dampf-Wasser $(t_s-t)_m$ °C
21	1,07	34,0
22	0,96	35,2
23	0,80	36,7
24	0,78	37,5
25	0,77	38,3
26	0,74	37,8
27	0,74	39,5
28	0,82	39,0
29	0,67	39,7
30	0,77	40,3
31	0,75	41,2
32	0,72	41,3

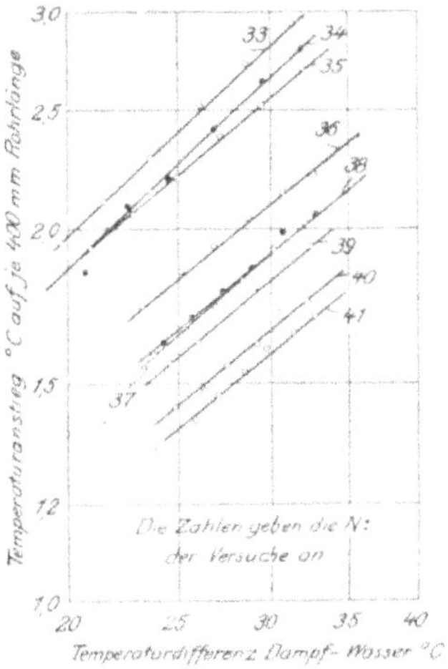

Fig. 58.

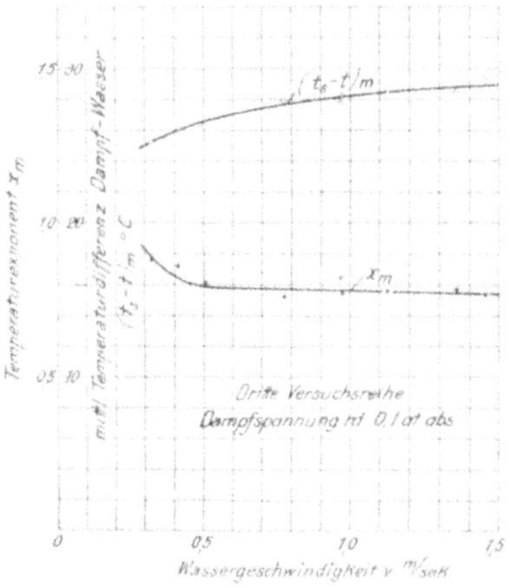

Fig. 59. **Mittlere Temperaturexponenten.**

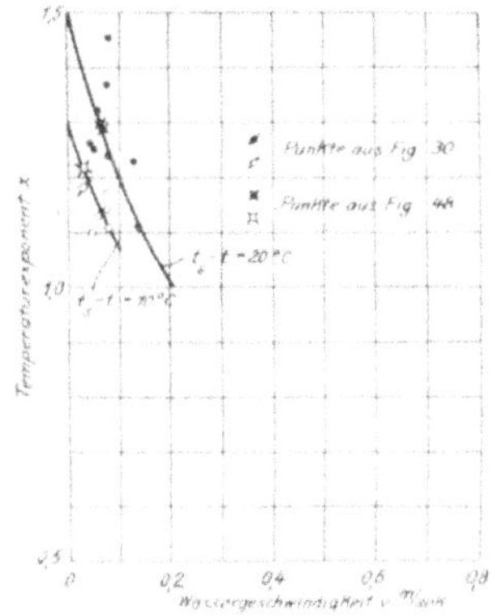

Fig. 60.

Eine dritte Versuchsreihe endlich bei rd. 0,1 Atm. abs. Dampfspannung, entsprechend 90 v. H. Vakuum, lieferte die Werte der Tabelle 8. Bei diesen Versuchen war der Apparat an den Kondensator der Parsonsturbine des Laboratoriums angeschlossen, in welchem ein Vakuum von 96 bis 97 v. H. herrschte, so daß auch hier für genügende Dampfströmung im Apparat gesorgt war. Man erhält zunächst wieder die Kurven der Wassertemperatur (Fig. 49 bis 57), die zum größten

Tabelle 8.

Dritte Versuchsreihe.

Dampf bei rd. 90 % Vakuum.

Versuch Nr.		33	34	35	36	37	38	39	40	41
Datum des Versuchs	1911	24. 10.	25. 10.	24. 10.	23. 10.	21. 10.	23. 10.	20. 10.	21. 10.	20. 10.
Barometerstand	mm Hg—S. (0°)	751,5	749	751,5	744,5	758,5	744,5	760,5	758,5	760,5
Dampfunterdruck beim Eintritt p_1	» » »	677,5	675	677,5	669,5	686,5	673,5	686,5	686,5	686,5
» » Austritt p_2	» » »	680,5	677,5	679,5	671,5	688,6	671,5	690,5	689	690,5
Dampftemperatur beim Eintritt (Sättigungstemperatur) t_{s1}	°C	45,6	45,6	45,6	46,0	45,5	45,9	45,6	45,2	45,6
Dampftemperatur beim Austritt (Sättigungstemperatur) t_{s2}	°C	45,2	45,2	45,2	45,5	44,7	45,4	44,6	44,5	44,6
Stündliche Kühlwassermenge	kg/Std.	339,5	436	532	821	1023	1027	1192	1434	1542
Kühlwassergeschwindigkeit	m/sec	0,321	0,413	0,503	0,776	0,968	0,973	1,128	1,356	1,454
Kühlwassertemperatur in einer Entfernung von l mm vom Eintritt (elektr. gemessen) $l =$	0	12,4	11,8	11,8	11,6	11,6	11,6	11,1	11,4	11,0
	200	13,6	13,2	13,4	12,7	12,8	12,6	12,3	12,4	11,7
	400	15,0	14,6	14,5	13,7	13,6	13,8	13,1	13,2	12,7
	600	16,3	15,7	15,6	14,7	14,6	14,4	13,9	13,9	13,5
	800	17,8	17,3	17,0	15,9	15,6	15,4	14,8	14,7	14,4
	1000	19,4	18,8	18,5	17,1	16,7	16,7	15,8	15,8	15,2
Bei allen Versuchen Wirbelstück Nr. 2	1200	20,8	19,9	19,5	18,0	17,6	17,4	16,8	16,7	16,0
	1400	21,7	20,8	20,6	19,0	18,5	18,5	17,7	17,4	16,8
	1600	23,2	22,3	21,6	19,9	19,2	19,3	18,5	18,1	17,5
	1800	23,9	23,2	22,6	21,1	19,8	20,2	19,3	18,7	18,3
	2000	25,2	23,8	23,6	21,8	20,7	20,8	20,2	19,6	18,9
	2200	26,0	24,9	24,8	22,8	21,6	21,8	20,9	20,3	19,4
	2400	26,7	25,5	25,4	23,4	22,3	22,5	21,3	21,0	20,3
	2600	27,7	26,6	26,6	24,5	23,2	23,3	22,5	21,6	21,2

Teil eine vorzügliche Genauigkeit aufweisen. Hieraus sind in angegebener Weise die geraden Linien in Fig. 58 und die Temperaturexponenten x_m in Tabelle 9 ermittelt worden. Mit den Werten von x_m und $(t_s - t)_m$ ist schließlich Fig. 59 gewonnen worden.

Die Kurven der Fig. 30, 48 und 59 geben nun den Temperaturexponenten abhängig von Wassergeschwindigkeit und Temperaturdifferenz wieder. Um den Einfluß der beiden Faktoren zu trennen, wurde folgendermaßen verfahren: Die Werte von x aus der Tabelle 3 und 6 sind in den Fig. 60 bis 63 für bestimmte Temperaturdifferenzen in Abhängigkeit von der Wassergeschwindigkeit aufgetragen. Für die Auftragung sind auch die aus den Kurven der Fig. 30, 48 und 59 für dieselben Temperaturdifferenzen entnommenen Werte des Temperatur-

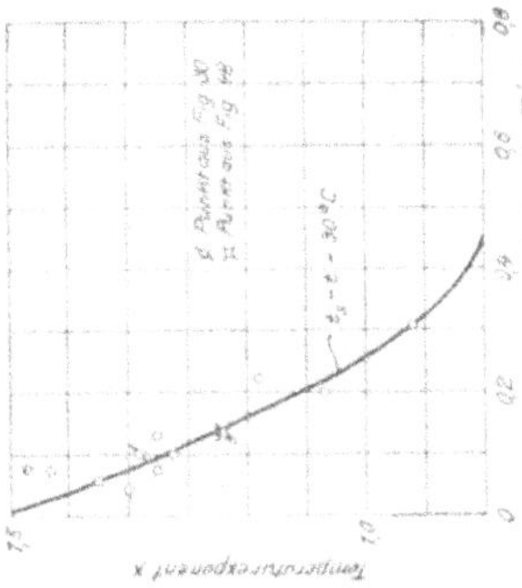

Fig. 61.

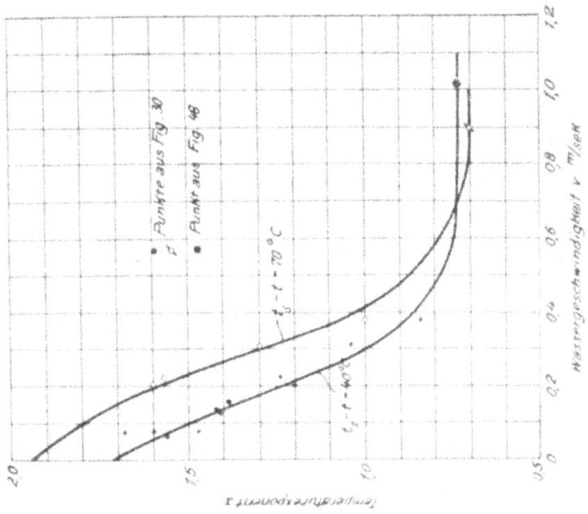

Fig. 62.

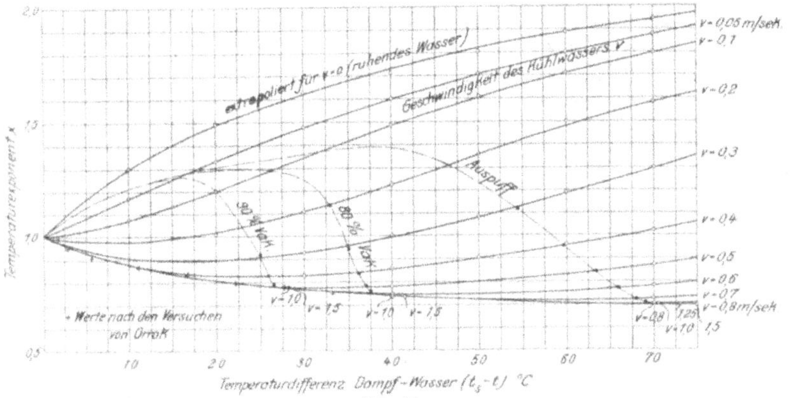

Fig. 64.

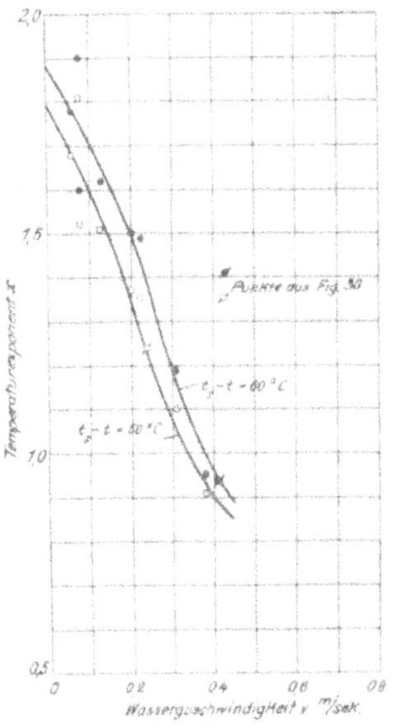

Fig. 63.

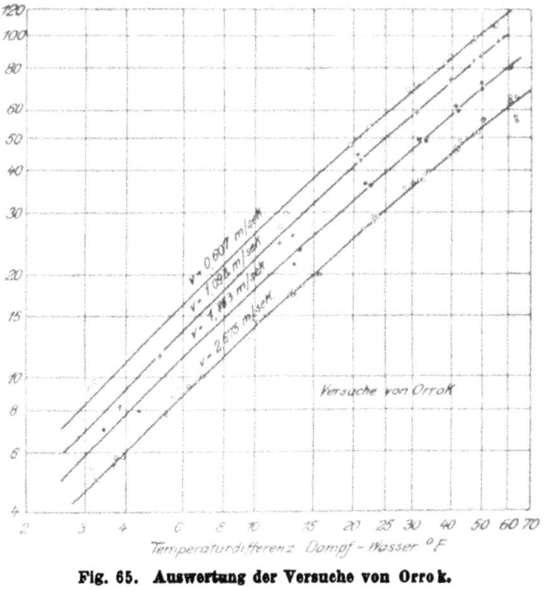

Fig. 65. **Auswertung der Versuche von Orrok.**

exponenten benutzt. Die Punkte sind durch Kurven verbunden worden, um die Fehler der einzelnen Messungen auszugleichen. Aus diesen Kurven sind endlich für bestimmte Werte der Wassergeschwindigkeit $v = 0$; 0,05; 0,1; 0,2; 0,3 usw. bis 1,5 m/Sek. die Werte von x entnommen und in Abhängigkeit von der Temperaturdifferenz aufgetragen worden (Fig. 64), in welche auch die Kurven der Fig. 30, 48 und 59 sinngemäß übertragen worden sind (gestrichelte Linien). Fig. 64 gibt nun über das Verhalten des Temperaturexponenten vollkommenen Aufschluß. *Das wesentlichste Ergebnis ist, daß der Exponent sich in weiten Grenzen — von 0,7 bis rd. 1,9 bei 70° C Temperaturdifferenz — ändert.* Daß dieser Unterschied so groß ist, sei auch dadurch gezeigt, daß in die Fig. 12 und 42 für Versuch Nr. 4 und 29 der Verlauf der Wassertemperatur eingetragen ist, wie er sich für $x = 1$, entsprechend der früheren Annahme, ergeben würde. Bei der kleinen Wassergeschwindigkeit von $v = 0{,}13$ m/Sek. liegt die beobachtete Temperaturkurve weit über derjenigen für $x = 1$, bei der größeren von $v = 0{,}955$ m/Sek. dagegen

Tabelle 9.

Versuch Nr.	Mittlerer Temperatur-exponent x_m	Mittlere Temperaturdifferenz Dampf-Wasser $(t_s-t)_m$ °C
33	0,88	25,2
34	0,86	26,1
35	0,80	26,3
36	0,76	27,9
37	0,82	27,8
38	0,77	28,3
39	0,78	28,5
40	0,78	28,5
41	0,77	29,3

Tabelle 10.

Versuche von Orrok.

Temperatur-differenz t_s-t °F	t_s-t °C	Temperaturexponent bei einer Geschwindigkeit des Wassers in m/sec				Mittelwert
		$v = 0{,}607$	1,093	1,863	2,675	
60	33,3	0,76	0,73	0,76	0,75	0,750
50	27,8	0,78	0,75	0,79	0,78	0,775
40	22,2	0,79	0,80	0,83	0,78	0,800
30	16,7	0,82	0,85	0,84	0,82	0,832
20	11,1	0,86	0,88	0,86	0,86	0,865
10	5,6	0,91	0,92	0,90	0,90	0,907
5	2,8	0,97	0,96	0,94	0,95	0,955
3	1,67	1,00	1,00	0,99	0,96	0,988

darunter, und zwar beträgt der größte Unterschied im ersten Falle rd. 9°, im zweiten Falle rd. 0,6° C. Der Unterschied ist im zweiten Falle soviel geringer, weil der Verlauf der Kurve an sich ein viel flacherer ist.

Dieses Ergebnis steht nun im Widerspruch mit dem Ergebnis, zu dem Orrok[1]) auf Grund seiner Versuche gelangt. Er findet, daß der Temperaturexponent *unabhängig von der Temperaturdifferenz* ist und für alle Geschwindigkeiten von $v =$ rd. 0,6 bis 2,6 m/Sek. den Wert $x = {}^7/_8$ hat. Der Widerspruch löst sich, wenn man beachtet, daß Orrok seine Versuche nicht richtig ausgewertet hat. In der angegebenen Quelle sind sämtliche Zahlenwerte der Versuche angegeben, so daß eine Nachprüfung der Ergebnisse leicht möglich ist. In Fig. 65 sind nun auf logarithmisches Papier die Temperatursteigerungen des Wassers in Abhängigkeit von den Temperaturdifferenzen Dampf — Wasser aufgetragen worden. Orrok hat die Punkte durch gerade Linien verbunden, man erkennt aber deutlich, daß *die Punkte nicht auf einer Geraden* liegen. Verbindet man die Punkte durch Kurven, so erhält man, wie S. 69 gezeigt, den Temperaturexponenten für irgendeine Temperaturdifferenz aus der Neigung der Kurve an der betreffenden Stelle. Die so gewonnenen Werte von x sind in Tabelle 10 zusammengestellt. Die

[1]) A. a. O.

angegebenen Geschwindigkeiten des Wassers sind aus den Originalwerten als Mittelwerte berechnet. Die Werte weisen für die verschiedenen Geschwindigkeiten gute Übereinstimmung auf; dies beweist, daß innerhalb der hier vorhandenen Geschwindigkeitsgrenzen x praktisch konstant ist. Die Mittelwerte von x sind ebenfalls in Fig. 64 eingetragen worden. Dies durfte um so eher geschehen, als das Rohr, an welchem Orrok seine Versuche gemacht hat, ebenfalls 25 mm Außendurchmesser besaß. Aus der Eintragung ist zu ersehen, daß die Versuche von Orrok eine ausgezeichnete Bestätigung und wertvolle Ergänzung der hiesigen Versuche bilden, da sie bei kleinen Temperaturdifferenzen und großen Wassergeschwindigkeiten ausgeführt worden sind. Auch die Richtigkeit des früher im hiesigen Laboratorium vorgenommenen Versuches, bei dem sich $x = 1$ ergeben hatte, wird vorzüglich bestätigt. Dieser Versuch wurde bei einer Wassergeschwindigkeit von 0,18 m/Sek. und einer mittleren Temperaturdifferenz von 11° C ausgeführt. Sucht man für diese Verhältnisse den Wert des Exponenten aus Fig. 64 auf, so findet man $x = 1$.

Zu dem Schaubild Fig. 64 wäre noch folgendes zu bemerken: für alle Wassergeschwindigkeiten größer als 0,8 m/Sek. verläuft der Temperaturexponent nach der untersten, fallenden Kurve. Die Kurven für kleinere Geschwindigkeiten zweigen von dieser Kurve ab, und zwar bei um so kleinerer Temperaturdifferenz je kleiner die Geschwindigkeit ist. Bei Geschwindigkeiten bis zu 0,15 m/Sek. herunter fällt der Exponent bei zunehmender Temperaturdifferenz, um später wieder zuzunehmen. Bei $v < 0{,}15$ m/Sek. nimmt x dauernd zu.

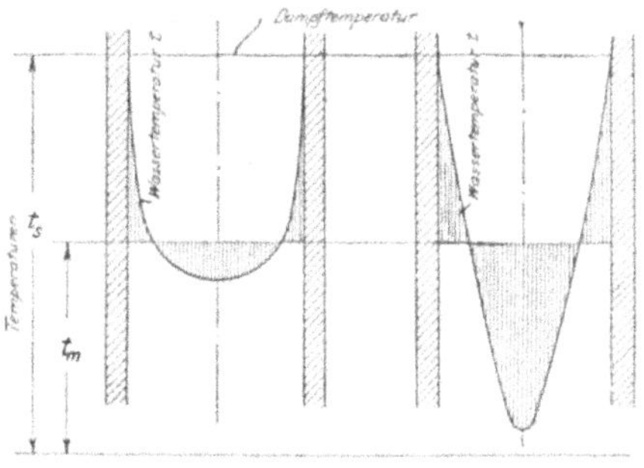

Fig. 66. Temperaturverteilung im Kühlrohr.

Alle Kurven laufen für $t_s - t = 0$ in dem Punkt $x = 1$ zusammen. Nun werden diejenigen Wasserteilchen, welche an der Rohrwand entlangfließen, eine Temperatur haben, welche nur wenig von der inneren Rohrwandtemperatur abweicht. Je mehr sich die Temperaturdifferenz dem Werte 0 nähert — und es ist wahrscheinlich, daß $t_s - t$ an der Rohrwand dem Werte 0 sehr nahe kommt —, um so genauer wird $x = 1$ sein. Daraus geht hervor: die Wärmeübertragung von der Rohrwand an die äussersten Schichten des Kühlwassers geht für alle Wassergeschwindigkeiten proportional der Temperaturdifferenz vor sich. Daß der Temperaturexponent so verschiedene Werte annimmt, wie sich durch die Versuche ergeben hat, ist zweifellos darauf zurückzuführen, daß die Verteilung der Temperatur in einem bestimmten Rohrquerschnitt eine ganz verschiedene sein kann. Zwei Möglichkeiten sind in Fig. 66 gezeigt. Wie sich diese Temperaturverteilung zahlenmäßig gestaltet, läßt sich auf Grund vorliegender Versuche nicht angeben, daß aber in ein und demselben Querschnitt Temperaturdifferenzen vorhanden sind, ist, wie oben gezeigt, auch durch Versuch nachgewiesen worden (vgl. Fig. 6). Bei geringen Geschwindigkeiten werden auch Konvektionsströme eine gewisse Rolle spielen. Da die Temperaturverteilung die Ursache für die verschiedenen Werte des Exponenten ist, so ist es wahrscheinlich, daß auch der Rohrdurchmesser einen Einfluß auf seine Größe haben wird.

Die Bestimmung der Wärmedurchgangszahlen ist jetzt rechnerisch schwieriger durchzuführen, da sich der Temperaturexponent nicht gleich 1 ergeben hat. Es ist die an der Fläche dF übertragene Wärmemenge $dW = c \cdot dF\,(t_s - t)^x$ . . . . (6)

anderseits ist auch mit dem Durchgangskoeffizienten k, der die übertragene Wärmemenge für 1° Temperaturdifferenz $[(t_s - t)^1]$ angibt,

$$dW = k \cdot dF\,(t_s - t) \qquad \text{(7)}$$

Aus (6) und (7) ergibt sich die Beziehung zwischen der Konstanten c und der Wärmedurchgangszahl

$$k = c\,(t_s - t)^{x-1} \qquad \text{(8)}$$

Mit

$$dW = Q \cdot dt \qquad \text{(9)}$$

und den Gleichungen (7) und (8) läßt sich ableiten

$$k = \frac{Q\left[(t_s - t)^{1-x} - (t_s - t_a)^{1-x}\right]^{\frac{1}{x}}}{F\,(1-x)\left[(1-x)\,(t_a - t_e)\right]^{\frac{1-x}{x}}} \text{ WE/qm, Std., °C} \qquad \text{(10)}$$

Tabelle 11.

Wärmedurchgangszahlen k

Versuch Nr.	k WE/qm, Std.°C	Versuch Nr.	k WE/qm, Std.°C	Versuch Nr.	k WE/qm, Std.°C
1	1595	18	900	33	1315
2	2050	19	870	34	1540
3	1510	20	876	35	1875
4	2055	21	1115	36	2340
5	1945	22	1275	37	2650
6	2065	23	1680	38	2560
7	2190	24	1975	39	2935
8	2200	25	1970	40	3190
9	2425	26	2550	41	3295
10	2710	27	2470		
11	2765	28	2830		
12	2790	29	2835		
13	3250	30	3360		
14	3370	31	3100		
15	3610	32	3475		
16	3940				
17	4165				
Dampfspannung rd. 1 Atm. abs.		Dampfspannung rd. 0,2 Atm. abs.		Dampfspannung rd. 0,1 Atm. abs.	

wenn vorausgesetzt wird, daß x während der Erwärmung konstant bleibt. Dies trifft, wie wir gesehen haben, tatsächlich nicht zu, so daß man mit einem Mittelwert von x rechnen müßte. Einfacher und genauer ergibt sich k, wenn man beachtet, daß

$$k = \frac{W}{F\,(t_s - t)_m} = \frac{Q\,(t_a - t_e)}{F\,(t_s - t)_m} \qquad \text{(11)}$$

die für 1° der mittleren Temperaturdifferenz $(t_s - t)_m$ pro Quadratmeter und Stunde übertragene Wärmemenge ist. Die mittlere Temperaturdifferenz ergibt sich aber leicht durch Planimetrieren der Fläche, welche durch die aufgenommene Wassertemperaturkurve begrenzt wird. In dieser

Weise sind sämtliche Werte von k ermittelt, in Tabelle 11 zusammengestellt und in Fig. 67 in Abhängigkeit von der Wassergeschwindigkeit aufgetragen worden. Für die Berechnung von F ist der innere Durchmesser des Rohres zugrunde gelegt worden. Um zu zeigen, wie groß die Abweichungen werden, wenn man die Wärmedurchgangszahl unter der Annahme berechnet, daß $x = 1$ wird, ist die sich ergebende Kurve ebenfalls in Fig. 67 angegeben. Für Geschwindigkeiten unter 0,1 m/Sek. ist die Abweichung bedeutend, der Fehler beträgt im Maximum über 30 v. H. des richtigen Wertes (s. Fig. 67 unten). Für rd. 0,4 m/Sek. fallen die Kurven fast zusammen, da dann x tatsächlich gleich 1 ist, aber auch für größere Geschwindigkeiten ergibt sich praktisch keine Abweichung zwischen den beiden Kurven. Dieser Umstand ist für die Berechnung von Kondensatoren sehr wichtig, da man zur Rechnung die einfache Formel benutzen kann, welche sich für $x = 1$ ergibt:

$$F = \frac{Q}{k} \ln \frac{t_s - t_e}{t_s - t_a}.$$

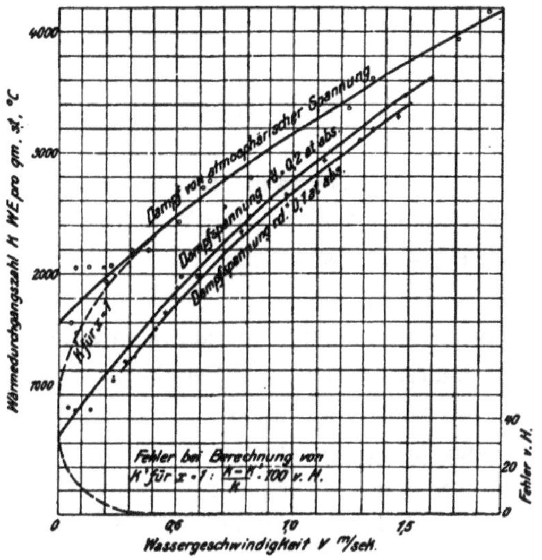

Fig. 67. Wärmedurchgangszahlen.

Nur bei sehr kleinen Wassergeschwindigkeiten wird man den genauen Verhältnissen Rechnung zu tragen haben.

Für atmosphärische Spannung läßt sich der Wert der Wärmedurchgangszahl in die Form bringen

$$k = 1600 + 1743 \cdot v^{0,82},$$

für 80 v. H. Vakuum dagegen

$$k' = 650 + 2090 \cdot v^{0,82}.$$

Die Exponenten von v stimmen genau miteinander überein und liegen zwischen den Werten 0,72 und 0,91, die Soenecken bei seinen Versuchen gefunden hat[1]), dürften also der Wirklichkeit sehr nahe kommen. Der Unterschied zwischen k und k' ist zweifellos auf die Abnahme der Wärmeübergangszahl Dampf an Wandung bei abnehmender Dampfdichte zurückzuführen. Zahlenmäßig lassen sich die Werte nicht angeben, da die Abhängigkeit des Wärmeübergangs von der Dampfdichte nicht bekannt ist.

[1]) Mitt. über Forschungsarb.

Kesselfeuerungsversuche mit Teeröl.[1]

Die Versuche hatten den Zweck, die Verwendbarkeit des aus Steinkohlenteer gewonnenen Teeröles zur Kesselheizung zu prüfen und ferner die mit demselben erzielbare Verdampfung festzustellen, um eine Grundlage für die Bewertung des Öles gegenüber den übrigen Brennstoffen zu schaffen.

Da bei den Feuerungen mit flüssigen Brennstoffen die technischen Einrichtungen, insbesondere die Bauart der Zerstäuber (Brenner), erfahrungsgemäß von ausschlaggebender Bedeutung sind, wurden verschiedene Feuerungsarten und Brennerkonstruktionen probiert. Der für die Versuche ausersehene Kessel war ein Doppelflammrohrkessel; bei diesem Kesselsystem bietet die Anwendung einer Feuerung mit flüssigen Brennstoffen (als Innenfeuerung) größere Schwierigkeiten als bei Wasserrohrkesseln infolge der räumlichen Beschränktheit des Verbrennungsraumes.

Von der Unzahl bekannter Brennerkonstruktionen unterscheiden sich die meisten nur durch unwesentliche Einzelnheiten; im Prinzip kommen zwei Hauptarten von Brennern für flüssige Brennstoffe in Betracht. Die erste Art beruht darauf, daß der Brennstoff durch Pumpen unter Druck gesetzt wird und durch feine düsenartige Öffnungen zerstäubt austritt; meist wird dabei den Brennstoffteilchen durch geeignete Ausbildung der Kanäle neben der axial fortschreitenden Bewegung eine Rotationsbeschleunigung erteilt und durch die Zentrifugalwirkung (daher die Bezeichnung Zentrifugalzerstäuber) die Zerteilung des Strahles bewirkt, dessen Feinheit daher von den erzielten Strahlgeschwindigkeiten bzw. dem Druck der Flüssigkeit abhängig ist.

Bei der zweiten Art wird der flüssige Brennstoff mittels Dampf- oder Luftstrahles fein verteilt, indem der letztere infolge seiner hohen Austrittsgeschwindigkeit die Flüssigkeitsteilchen zerreißt und sie in Nebelform weiter trägt. Die Zuführung des Brennstoffes geschieht meist unter ganz geringem Druck (einige Meter Druckhöhe) entweder zentral in der Mitte des tragenden Strahles oder einseitig; durch verschiedene Gestaltung der Austrittsöffnungen läßt sich jede beliebige Strahlform erzielen.

Versuchseinrichtung.

Die Flammrohre des Kessels wurden nach nebenstehender Figur 1 mit bestem Schamottematerial ausgemauert. Anfänglich war der freie Raum (strichlierte Begrenzung) zu klein, so daß der Ölstrahl die Wandung traf und dadurch ein Koksansatz sich bildete, der immer mehr wuchs und den freien Querschnitt so verengte, daß ein regelmäßiger Betrieb nicht möglich war; nachdem die Ausmauerung geändert war, trat dieser Übelstand nicht wieder ein.

[1]) Diese Versuche wurden auf meine Veranlassung und unter meiner Leitung vom Betriebsingenieur des Masch.-Lab. Herrn Dr. ing. Hanszel in mustergültiger Weise durchgeführt und bearbeitet, was ich hier mit Dank anerkennen möchte.

Für die Versuche mit Körtingschen Zentrifugalzerstäubern und teilweise auch für die Versuche mit den anderen Brennerkonstruktionen wurde eine von der genannten Firma gelieferte Pumpenanlage benutzt; sie bestand im wesentlichen aus zwei kleinen Dampfpumpen, von denen

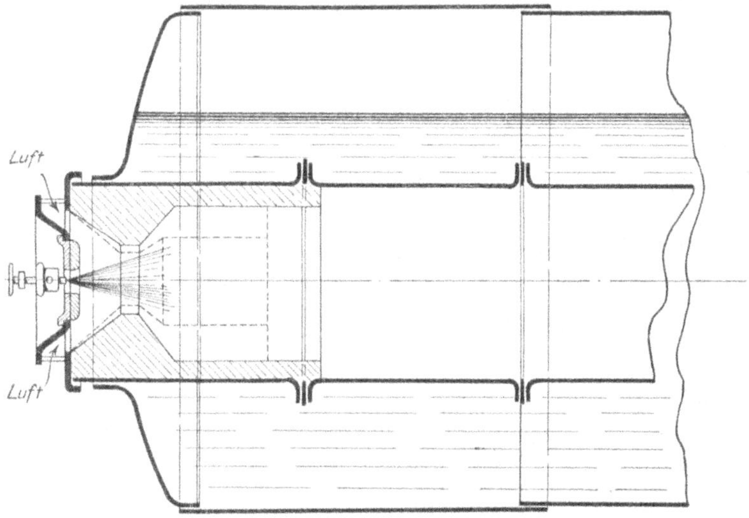

Fig. 1. Ausmauerung des Flammrohres und Anbringung des Zerstäubers.

die eine das Öl aus den Fässern in ein Reservoir pumpte und die zweite das Öl aus dem Reservoir ansaugte und durch einen Vorwärmer in die Zerstäuber drückte. Die Pumpen waren durch Leitungen so verbunden, daß sie wechselseitig umgeschaltet werden konnten, wenn eine von ihnen versagte. In die Druckleitung waren zwei Siebe eingebaut, und zwar parallel geschaltet, so daß nach Umschaltung während des Betriebes das eine gereinigt werden konnte.

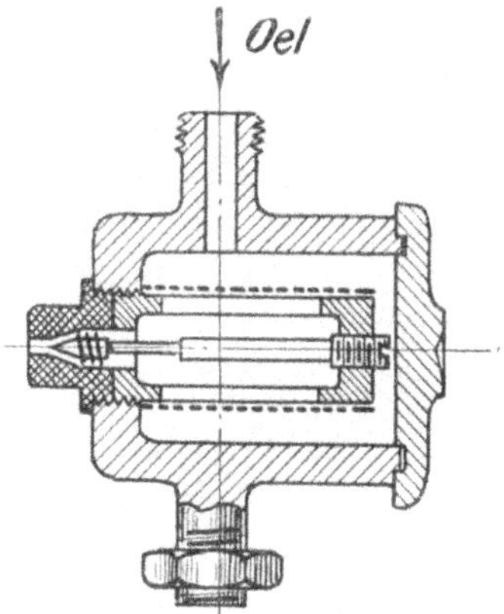

Fig. 2. Zentrifugal-Zerstäuber.

Das Öl wurde aus dem auf einer Wage liegenden Fasse in einen kleinen Vorratsbehälter mit Ölstandglas gepumpt und auf diese Weise die verfeuerte Ölmenge mit der nötigen Genauigkeit bestimmt und dabei der Ölstand über den Brennern nicht geändert, was für die Beharrung namentlich bei den Dampf- und Druckluftzerstäubern wesentlich ist.

Zur Bestimmung des Dampfverbrauches der Pumpen und des Vorwärmers wurde das Kondensat gewogen.

Die für genauere Versuche nötige Beharrung wurde erreicht, indem der Kessel einige Tage vor dem Hauptversuch unter gleichen Bedingungen in Betrieb war, so daß die Mauerwerkstemperaturen in Beharrung kamen.

Der mit dem **Zentrifugalzerstäuber** (Fig. 2) angestellte Hauptversuch (siehe Zahlentafel Seite 87) ergab eine Verdampfung von 11,7 kg Dampf für 1 kg Teeröl (mit 8970 WE Heizwert); es genügte ein Öldruck von 4 bis 5 Atm. zur vollkommenen Zerstäubung.

Der Dampfverbrauch der Öldruckpumpe und der Vorwärmung war äußerst gering. Die Vorwärmung des Öles, die bei Versuchen mit reiner Druckzerstäubung möglichst hoch erfolgen soll, kann auch ohne Dampf dadurch erreicht werden, daß das Öl in einer Schlange durch den Fuchs oder durch das Mauerwerk des Verbrennungsraumes hindurchgeführt wird und so die nutzbaren Abgase des Kessels bzw. die Leitungswärme des Mauerwerks dazu ausgenutzt werden. Im vorliegenden Falle war ein getrennter Dampfvorwärmer angeordnet, mit dem die Öltemperatur dauernd auf 130 bis 140° C gehalten wurde. Der Dampfverbrauch für die Vorwärmung betrug pro kg Öl ungefähr 0,24 kg Dampf in der Stunde; die Druckpumpe brauchte nur rd. 14 kg Dampf stündlich, das ist rd. 0,14 kg Dampf für 1 kg Öl stündlich. Das Geräusch der Verbrennung war nicht lästig, nur ein leises Strömen war hörbar.

Die **Druckluftzerstäuber** (Fig. 3) sind im wesentlichen folgendermaßen eingerichtet: Das Öl tritt mit einem geringen Druck, natürlichen Gefälle von einigen Metern, in ein Rohr ein, das zu einer Spitze mit einer kleinen Öffnung (im vorliegenden Falle 4 mm ϕ) eingezogen ist. In diesem Rohr sitzt zentral eine mittels Schraubengewinde verstellbare Spindel, um den Durchflußquerschnitt für das Öl zu regulieren oder auch ganz abstellen zu können. Um das Ölrohr sitzt

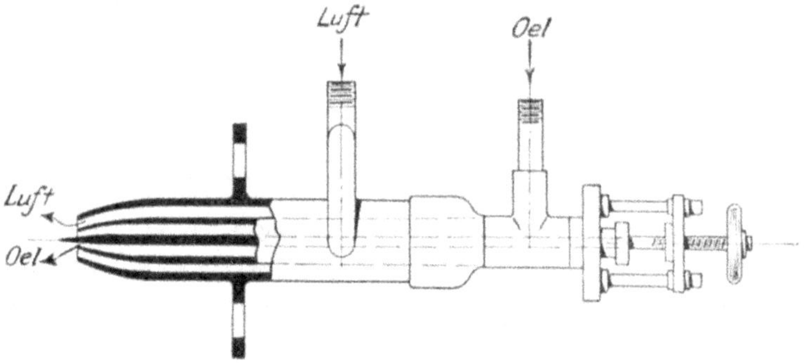

Fig. 3. Druckluftzerstäuber.

konzentrisch ein etwas weiteres, ebenfalls an der Mündung konisch zusammengezogenes Rohr, in dem Ringraum zwischen beiden strömt Druckluft aus. Die Wirkungsweise ist derart, daß der ringförmige Luftstrahl das mit geringer Geschwindigkeit austretende Öl erfaßt und infolge der hohen Eigengeschwindigkeit fein zerteilt, so daß ein nebelartiger Strahl entsteht.

Die für die Zerstäuber nötige Druckluft wurde einer vorhandenen Kompressoranlage entnommen, der Druck wurde durch Ventileinstellung so einreguliert, daß die Zerstäubung gerade noch fein genug war, was sich leicht an dem Beginn einer Tropfenbildung im zerstäubten Strahl erkennen ließ. Eigentlich war beabsichtigt, diese Brenner in einer Vorfeuerung vor dem Kessel einzubauen, um jedoch Zeit zu sparen, wurde die vorhandene Auskleidung mit Schamotte unverändert benutzt und hat sich auch für diese Art der Zerstäuber gut bewährt, so daß von einer Änderung abgesehen wurde. Gleich bei den ersten Versuchen arbeitete diese Feuerung im Dauerbetriebe zufriedenstellend; es zeigte sich gar keine Koksbildung. Es stellte sich dabei heraus, daß die Brenner, die aus Gasrohr ganz roh ohne Zentrierung zusammengesetzt waren, zur Erzielung einer feinen Zerstäubung ein relativ großes Luftquantum benötigten, bei Verwendung exakt gearbeiteter Düsen gleichen Systems wurde dasselbe ganz wesentlich geringer. Die Verbrennungsluft wurde so eingestellt, daß einerseits eine ruß- und rauchfreie Verbrennung erzielt und anderseits ein möglichst hoher Gehalt an Kohlensäure erreicht wurde, und es zeigte sich dabei, daß die genaue Ausführung der Brenner einen wesentlichen Einfluß auch auf die Güte der Verbrennung hat, da schon geringe Einseitigkeiten, ungleichmäßige Verteilung des Öles, sogleich einen größeren Luftüberschuß bedingten.

Es ließen sich jedoch mit diesen einfachen Brennern Dauerversuche sehr gut durchführen, welche gleich anfangs günstige Verdampfungszahlen ergaben. In der beifolgenden Tabelle sind die Versuchsergebnisse der Reihe nach eingetragen.

Verdampfungs-Versuche mit Teeröl-Feuerung

an einem Doppel-Flammrohrkessel im Kesselhaus der Kgl. Techn. Hochschule Charlottenburg; in jedem der beiden Flammrohre des Unterkessels war je ein Zerstäuber eingebaut.

Versuchs-Ergebnisse.

Kesselheizfläche 66,5 qm, max. Betriebsdruck 7,5 at abs. Betriebsdruck während der Versuche 6,5—7 at abs.

Zerstäuber System	Ölgewicht: mit 1 Zerst. stündlich verfeuert	Ölgewicht: während d. Versuchszeit verfeuert	Speisewassergewicht während der Versuchszeit verdampft	Verdampfung: brutto mit 1 kg Öl erzeugtes Dampfgewicht	Verdampfung: netto 1 kg Öl erzeugt Dampf von 100° C aus Wasser von 0° C	Verbrauch an Zerstäubungsmittel und Pumpendampf		Bemerkungen Brennstoff
	kg	kg	kg	kg				
Druckluft-zerstäuber A	∾40	600	6720	11,2				Teeröl 8970 WE/kg unter Heizwert
	∾40	626	7143	11,4				
Druckluft-zerstäuber A	∾45	452	5104	11,3				Teeröl (ohne Vorwärmung der Druckluft)
	∾45	442	4820	10,9				mit Vorwärmung der Druckluft auf ∾ 60° C
Druckluft-zerstäuber B	∾44	525	5695	10,9		52 cbm Druckluft	∾ 0,5 cbm/kg Öl	Teeröl mit Vorwärmung der Druckluft auf ∾ 60° C
	∾56	610	6668	10.9		60 cbm Druckluft	∾0,52 cbm/kg Öl	Teeröl mit Vorwärmung des Öls auf ∾ 60° C
Dampfzerstäuber	∾55	333	3742	11,2		62,5 kg Dampf	0,55 kg Dampf/kg Öl	Öl vorgewärmt auf ∾ 60° C
	∾57	743	8464	11,4	11,4	61,5 kg Dampf	0,5 kg Dampf/kg Öl	
Verbesserter Druckluftzerstäuber	∾60	851	9856	11,6	11,6	35 cbm Druckluft	0,25 cbm/kg (minimum)	Teeröl Öl und Druckluft auf ∾ 60° C vorgewärmt
Zentrifugal-zerstäuber	∾50	407,5	4793	11,7	11,7	Zur Vorwärmung des Öles auf 137° C wurden stündlich ∾ 24 kg Dampf gebraucht; für 1 kg Öl ∾ 0,24 kg Dampf. Verbrauch an Betriebsdampf für die Öl-Druckpumpe rd. 14 kg ständl., d. i. 0,14 kg Dampf/kg Öl		Teeröl Öl auf 137° C vorgewärmt

Es ist daraus zu ersehen, daß gleich beim ersten Hauptversuch eine Verdampfung von 11,4 kg Wasser pro kg Öl erzielt wurde; mit Rücksicht darauf, daß das Öl nach vorgenommenen Analysen einen unteren Heizwert von etwa 8900 WE besitzt, ist die Zahl schon als günstig zu bezeichnen; da es, wie oben erwähnt, möglich erschien, durch geeignete Konstruktion und genaue Ausführung dieses Brennersystems hinsichtlich des Luftverbrauches und der Vollkommenheit der Verbrennung bessere Ergebnisse zu erzielen, so wurden weitere Versuche mit neu anzufertigenden Düsen in Aussicht genommen.

Ein weiteres System von Druckluftzerstäubern, welches geprüft wurde, war anfänglich mit einigen Komplikationen ausgestattet, die jedoch im Laufe des Betriebes sich als entbehrlich herausstellten, so daß schließlich die Einrichtung unter denselben Bedingungen arbeitete wie das erste System. Bei den Versuchen wurde wieder durch Regulierung der Druckluftzuführung das Minimum an Druckluft eingestellt, und es ergab sich ein geringerer Verbrauch als bei der zuerst untersuchten Düse (0,55 cbm Luft von atmosphärischer Spannung und 15° C Temperaturen für 1 kg Öl).

Um den Einfluß der Vorwärmung der Druckluft zu untersuchen, wurden zwei Vergleichsversuche angeschlossen, der eine mit, der andere ohne Vorwärmung; im ersten Falle wurde die Druckluft durch eine im letzten Zug des Dampfkessels liegende Heizschlange geleitet und dabei auf ca. 60° C erwärmt; ein Einfluß auf die Verbrennung war infolge der geringen Vorwärmung nicht festzustellen, jedoch ist schon infolge der mit der Erwärmung zusammenhängenden Zu-

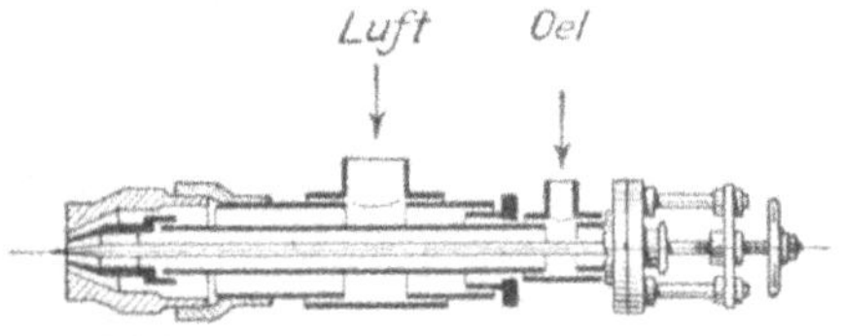

Fig. 4. Versuchs-Druckluft-Brenner.

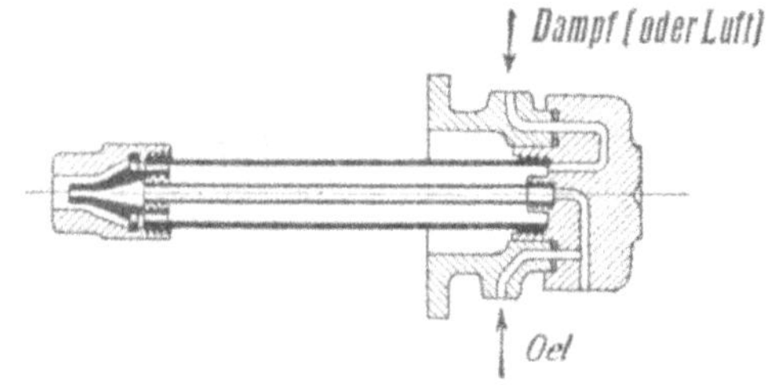

Fig. 5. Luft- bezw. Dampf-Zerstäuber.

nahme des Luftvolumens eine Ersparnis an Druckluft damit verknüpft; es wurde daher bei allen weiteren Versuchen von dieser Vorwärmung Gebrauch gemacht.

Als drittes System der Druckluftzerstäuber wurde ein von der Firma Gebr. Körting gelieferte Zerstäuber eingebaut (Fig. 5). Auch bei diesem ist wie bei den bisher behandelten der Ölaustritt innen, der Luftaustritt ringförmig außen. Die Regulierung ist dabei so gedacht, daß der Ölstand über dem Brenner durch ein Höher- oder Tieferstellen eines Behälters verändert wird und durch die Veränderung der Druckhöhe auch die Austrittsgeschwindigkeit des Öles sich ändert; da in dem vorliegenden Falle der Ölbehälter fest aufgestellt war, so mußte die Regulierung durch Drosselung der Ölzuleitung erfolgen; es zeigte sich dabei, daß die Regulierung des Austrittsquerschnittes mittels einer zentralen Spindel wie bei den früher untersuchten Zerstäubern vorzuziehen ist, abgesehen davon, daß auch ein rasches, völliges Abstellen der Ölmündung möglich sein soll, da durch Nachströmen des Brennstoffes in den glühenden Verbrennungsraum nach Erlöschen der Flamme sich explosive Gase bilden.

Bei den Versuchen mit dem Körting-Luftzerstäuber ließ sich der Verbrauch an Druckluft noch weiter als bisher herabdrücken, auf rd. 0,5 cbm Luft von atmosphärischer Spannung für 1 kg Öl; der Luftdruck betrug dabei nur 0,8 Atm. Überdruck; die Verbrennungsluft ließ sich so weit abdrosseln, daß der Kohlensäuregehalt am Ende des Flammrohres ständig über 15% blieb.

Eine wesentliche Verbesserung des Druckluftverbrauches wurde schließlich durch eine neue exakt gearbeitete Konstruktion eines verstellbaren Versuchsbrenners (Fig. 4) erzielt; bei derselben war durch Führungen eine gute Zentrierung der einzelnen Teile gesichert, und es wurde dadurch möglich, den Luftquerschnitt noch viel feiner einzustellen als bisher, so daß mit einem wesentlich geringeren Druckluftquantum eine ausreichend feine Zerstäubung sich erzielen ließ; der Luftverbrauch ging herab bis auf 0,25 cbm Luft von atmosphärischer Spannung für 1 kg Öl, eine Zahl, welche wohl das erreichbare Minimum darstellt; der Luftdruck betrug dabei bloß 0,6 Atm. Überdruck. Durch eine zentrale Spindel ist eine feine Regulierung und eine völlige sofortige Absperrung des Ölzuflusses möglich.

Die Verdampfungsversuche mit dieser Düse wurden über eine ganze Woche ausgedehnt, um mit Sicherheit eine völlige Beharrung hinsichtlich der Temperaturen im Kesselmauerwerk zu erzielen; nach Erreichung der Beharrung wurde der Hauptversuch durchgeführt, der eine Verdampfung von 11,6 kg Dampf für 1 kg Öl ergab; es entspricht diesem Wert eine Ausnutzung der Brennstoffwärme von rd. 82 v. H. im Kessel allein, ohne Ekonomiser, ein Ergebnis, das unter normalen Verhältnissen nicht mehr übertroffen werden kann. Die Untersuchung von Druckluftzerstäubern wurde mit diesen Versuchen abgeschlossen.

Zur Prüfung der **Dampfzerstäuber** wurde eine Versuchsreihe mit der von der Firma Gebr. Körting zur Verfügung gestellten Zerstäubungskonstruktion durchgeführt (Fig. 5). Der Düsenkörper ist genau so gebaut wie der Druckluftzerstäuber nur der Querschnitt der Düsenmündung ist bei Dampf etwas kleiner als für Luft.

Der Dampf für den Zerstäuber wurde der Sammelleitung des Kessels mit 6 Atm. Überdruck entnommen. Vor der Düse wurde er soweit gedrosselt, daß die Zerstäubung eben noch fein genug blieb, und zwar bis auf 1,5 Atm. Überdruck. Die Versuche mit diesem System verliefen ebenfalls sehr günstig; die Verbrennung war genau so rauch- und rußlos wie bei der Druckluftzerstäubung. Die Temperatur der Flamme schien zwar etwas niedriger zu sein, doch beeinträchtigte dies die Verbrennung in keiner Weise, und die Ansicht, als ob die Abkühlung der Flamme durch den Dampf eine unvollkommene Verbrennung, insbesondere ein Rußen herbeiführen müßte, erwies sich als irrig.

Die Flamme brannte mit weniger Geräusch als bei Druckluftzerstäubung, bei welcher stets ein dumpfes Rollen hörbar war, was darauf zurückzuführen ist, daß bei genauer Einregulierung der Verbrennungsluft, also minimalem Luftüberschuß, die Verbrennung in einzelnen rasch aufeinanderfolgenden Teilexplosionen vor sich geht. Bei Dampf war ein derartiges Rollen nicht zu bemerken, sondern nur ein gleichmäßiges Strömen hörbar. Auch das Anstecken der Flamme bot ebensowenig Schwierigkeiten wie bei Luftzerstäubung. Die Dampfleitung wurde vorher gut entwässert und die Verbrennung durch brennende Lunten eingeleitet.

Die Verdampfungsversuche mit diesem Brenner verliefen ebenso günstig wie die vorhergehenden. Es ließ sich sogar ein noch höherer CO_2-Gehalt einstellen als bei den übrigen Zerstäubern, was daraus zu erklären ist, daß der Dampfstrahl den Querschnitt des Verbrennungsraumes besser ausfüllte als der Luftstrahl. Dauernd wurden 16 bis 17 v. H. Kohlensäure am Ende der Flammrohre festgestellt, Zahlenwerte, die an der theoretischen Grenze liegen.

Der Dampfverbrauch zur Zerstäubung war ein sehr geringer, er betrug kaum ein ½ kg Dampf pro kg Öl, auf die Gesamtdampferzeugung bezogen, kaum 4 v. H. Es war damit erwiesen, daß auch die in der Einrichtung relativ einfache Dampfzerstäubung ohne Schwierigkeit und mit gutem wirtschaftlichen Erfolg angewendet werden kann. Bei späteren Versuchen wurde der Versuchsbrenner Fig. 4 an Stelle mit Luft mit Dampf betrieben und es gelang den Dampfverbrauch auf 0,25 kg Dampf für 1 kg Öl herunterzudrücken.

Es gibt noch Kombinationen von Dampfzerstäubern mit Luftansaugung; die Firma Gebr. Körting baut solche seit längerer Zeit, sie arbeiten derart, daß durch eine injektorartige Düse vom Dampfstrahl Luft angesaugt und mit diesem Dampfluftgemisch dann das Öl zerstäubt wird. Es läßt sich ohne weiteres einsehen, daß der Dampfverbrauch hierbei ein geringerer werden kann, weil ein Teil des Volumens durch das eingesaugte Luftvolumen ersetzt wird. Die Expansionsenergie des Dampfes zwischen Kesseldruck und dem Drucke in der Düse, die sonst abgedrosselt wird, dient dabei zum Ansaugen und zur Beschleunigung der Luft.

Versuche mit diesem Brenner wurden nicht ausgeführt, da ein solcher nicht zur Verfügung stand. Nach Angaben der Firma Körting läßt sich der Dampfverbrauch damit bis auf 0,25 kg pro kg Öl herunterbringen; eine Zahl, die nach dem vorliegenden Versuch und obiger Begründung nicht unwahrscheinlich ist.

Zusammenfassung der Ergebnisse.

Aus den Zahlen für die Verdampfung ist zu ersehen, daß die verschiedenen Versuchsreihen eine gute Übereinstimmung zeigen, bei den Hauptversuchen, bei welchen besonderes Gewicht auf Beharrung gelegt wurde, betrug die Verdampfung 11,6 bis 11,7 kg für 1 kg Öl; wenn diese Zahlen bei den vorhergehenden Versuchen um wenige Zehntel kleiner sind, so liegt dies daran, weil die Zeit nicht reichte, um durch tagelange Heizung Beharrung zu erzielen; daher ist es auch begründet, mit dem Zahlenwert 11,7 zu rechnen. Übrigens sind die Differenzen so gering, daß sie innerhalb der bei Kesselversuchen üblichen Genauigkeitsgrenzen liegen; es sind daher die Versuchsergebnisse als völlig einwandfrei hinzustellen; durch die Stetigkeit während monatelanger Versuchszeit ist gewährleistet, daß die Zahlen durchaus normalen Betriebsbedingungen entsprechen.

Eigenschaften des verwendeten Teeröls.

Das Teeröl hat bei gewöhnlicher Temperatur eine Viskosität, die nicht viel von der des Wassers verschieden ist und durch eine geringe Vorwärmung (bei den meisten Versuchen bis auf ungefähr 60° C) erzielt man eine solche Dünnflüssigkeit, daß einige wenige Meter Druckhöhe hinreichen, um das Öl durch die Düsenöffnungen zu treiben; bei Zentrifugalzerstäubern empfiehlt es sich, mit der Vorwärmung höher zu gehen (bei den Versuchen 130 bis 140° C), da die Öffnung dabei oft nur Bruchteile eines Millimeters beträgt und es dabei auf Erreichung großer Strahlgeschwindigkeiten ankommt.

Für die Feuerungen mit flüssigem Brennstoff ist die Reinheit des Öles von großer Wichtigkeit; das verwendete Teeröl hat während der ganzen Dauer der Versuche zu keinen Störungen durch Verstopfung, Verschmutzung Anlaß gegeben. Die anfänglich öfter eingetretenen Verschmutzungen der Siebe ließen sich darauf zurückführen, daß von den verwendeten Packungen und Dichtungen, auch der Metallschläuche, Teilchen mitgerissen wurden.

Die in dem Öl vorhandenen festen Bestandteile, die zum großen Teil als amorphe Kohlenstoffpartikel festgestellt wurden, werden durch die Siebe leicht zurückgehalten, und es genügt ein tägliches Nachsehen derselben, um alle Betriebsschwierigkeiten zu vermeiden.

Die Dichtung der Leitungen muß sorgfältig vorgenommen werden, da das heiße Öl durch die kleinsten Poren dringt, ist aber unschwer zu erzielen. Als Dichtungsmaterial hat sich hier Blei und komprimierter Asbest gut bewährt. Das Öl läßt sich ohne Schwierigkeit und Gefahr auf höhere Temperaturen (140° C) unter Druck vorwärmen. Der verwendete geschlossene Vorwärmer, der für eine Ölmenge von 100 kg stündlich ausreichte, hatte ganz kleine Dimensionen (rd. 1 qm Heizfläche, 1,5 m Länge, 170 mm Durchmesser). Das Öl enthielt ferner keine Bestandteile, welche Metalle angreifen, in schädlicher Menge, es haben sich in dem mehrmonatlichen Betrieb Schwierigkeiten in dieser Beziehung nicht ergeben. Nur die Öffnungen der Zentrifugalzerstäuber wurden mit der Zeit etwas weiter, was ich darauf zurückführe, daß der amorphe Kohlenstoff im Öl bei der hohen Geschwindigkeit eine abschleifende Wirkung ausübt; doch war auch diese Abnutzung keine abnormale; die Düsenköpfe können überdies leicht ausgewechselt werden.

Allgemeine Beurteilung der Brennersysteme.

Aus den oben geschilderten Versuchserfahrungen ergibt sich folgende Beurteilung der verschiedenen Brennersysteme. Bei stationären Kesselanlagen, wo die Wasserbeschaffung keine Schwierigkeit bietet und die Einfachheit und Billigkeit der Anlage eine Rolle spielt, wird als bestes System der Dampf- oder Dampfluftzerstäuber gelten können. Der Verbrauch an Zerstäubungsdampf beträgt wenige Prozente (2 bis 4 v. H.) der erzeugten Dampfmenge. Die Anlage wird äußerst einfach, indem nur ein Ölreservoir und eine Dampfzuleitung zu den Zerstäubern nötig ist; die Unterhaltungs- und Reparaturkosten sind ganz unerheblich. Das Ansaugen des Öles aus dem Vorratsbehälter kann durch einen Dampfluftejektor bewirkt werden.

Kommt es auf Erzielung hoher Temperaturen an, oder soll der Wasserdampfgehalt der Abgase möglichst gering sein, z. B. bei der Feuerung von Glasöfen und anderen keramischen Öfen usw., dann ist die Druckluftzerstäubung besser; schon ohne Vorwärmung der Verbrennungsluft werden leicht die üblichen Temperaturen erreicht, mit dieser Vorwärmung (Ausnutzung der Mauerwerkswärme) lassen sie sich noch bedeutend steigern. Auf diesem Gebiete ist bereits die Ölfeuerung erfolgreich mit der Kohlengenerator- und Kohlenstaubfeuerung in Wettbewerb getreten und hat sich durch große wirtschaftliche Vorteile (bedeutende Ersparnis an Brennstoff und Arbeit) beliebt gemacht. Daß, wie die Versuche zeigten, durch geeignete Maßnahmen der Verbrauch an Druckluft auf ein Minimum beschränkt werden kann, ist für die Einführung der Druckluftzerstäuber wichtig.

Der reine Druckzerstäuber (Zentrifugalzerstäuber) braucht am wenigsten Betriebskraft (lediglich für die Öldruckpumpe) und ist deshalb im Betriebe der billigste; die Einrichtung ist jedoch komplizierter und in den Anlage- und Unterhaltungskosten teurer als die der Dampfzerstäuber; bei größeren Anlagen, bei welchen diese Kosten keine so große Rolle spielen, wird man daher diesem System den Vorzug geben; auch in solchen Fällen, wo die Beschaffung des Speisewassers Schwierigkeiten bietet, ist der Zentrifugalzerstäuber vorzuziehen; bei Schiffen ist der Ersatz des für eine Dampfzerstäubung nötigen Speisewassers auf hoher See schwierig und teuer, während die kleinen Dampfölpumpen für Druckzerstäubung äußerst wenig Betriebsdampf brauchen, und selbst dieser kann wieder für die Kesselspeisung zurückgewonnen werden.

Wirtschaftliche Beurteilung der Ölfeuerung.

Aus den durch die Versuche festgestellten Verdampfungszahlen läßt sich ersehen, daß die Ausnutzung des Heizwertes des Öles eine bessere ist als je bei Kohlenfeuerungen. Außerdem ist die günstigste Verbrennung auf äußerst einfache und bequeme Weise hierbei einstellbar. Der Wirkungsgrad des Kessels lag bei den Versuchen durchweg über 80 v. H., ein Wert, der bei normalen Kohlenfeuerungen ohne Vorwärmung nicht erreicht wird. Selbst bei den besten mechanischen Feuerungen und vorzüglicher Kohle erreicht man nicht mehr als 75 v. H. Nutzeffekt, bei Handbeschickung im allgemeinen wesentlich weniger. Die Verdampfungszahlen, die von Kohlenproduzenten und Kessellieferanten angegeben werden, sind nur die Ergebnisse von Einzelversuchen, und nicht solche des normalen Dauerbetriebes, im Gegensatz zu den Zahlen, die bei den vorliegenden Versuchen ermittelt wurden, die sich auch ohne weiteres in jedem Betriebe erreichen lassen; die Verluste infolge schlechter Regulierfähigkeit, durch das Bearbeiten der Feuerung, Entfernen der Schlacke, durch das umständliche Anheizen und Abstellen der Feuerung, sind bei Kohlenheizung im Dauerbetrieb bekanntlich weit höher als bei Versuchen, während sie bei der Ölfeuerung ganz wegfallen.

Ein weiterer Gesichtspunkt für die Beurteilung der Vorteil der Ölfeuerung ist ferner die einfache Anfuhr und Verteilung des Brennstoffes an die Verbrauchsstellen; während bekanntlich das Heranbringen der Kohle an die Kessel bei kleinen Anlagen eine Menge Arbeitskräfte erfordert, bei großen Anlagen wieder umfangreiche, teure mechanische Transporteinrichtungen bedingt, so genügt bei Ölheizung eine einfache Pumpenanlage auch zur Versorgung des größten Kesselhauses. Die in manchen Fällen erhebliche Kosten verursachende Schlackenabfuhr entfällt vollkommen. Auch die Lagerung des Öles ist einfacher und billiger als die der Kohle. Dem Gewichte nach benötigt Öl nur rd. 75 v. H. des Raumes geschichteter Kohle, und die gleiche Wärmemenge im flüssigen Brennstoff nimmt nur 60 v. H. des Raumes ein wie bei Kohle; dabei kann der Ölbehälter irgendeine beliebige Form besitzen und auch in größerer Entfernung vom Kesselhaus stehen, in den Boden eingelassen werden, also ohne nutzbaren Raum zu beanspruchen, während Kohle wegen der Gefahr der Selbstentzündung nur in gewisser Höhe aufgeschichtet werden kann und der Verwitterung, und damit einer Einbuße an Heizwert, unterliegt.

Ein wichtiger Punkt ist ferner die Ersparnis an Personal und die Schonung desselben bei der Ölfeuerung; das Zubringen der Kohle zum Kessel, das Aufbringen auf den Rost, das Bearbeiten des Feuers, das Abschlacken usw. erfordert einen erheblichen Aufwand an harter Arbeit, oder bedingt bei größeren Anlagen die Anschaffung und Unterhaltung teurer mechanischer Feuerungs-Einrichtungen, bei der Ölfeuerung beschränkt sich die Bedienung lediglich auf eine Beobachtung des Feuers und eine Regulierung der Ölzuführung bzw. der Verbrennungsluft; die Bedienung einiger Handräder stellt die ganze Arbeit dar. Es ist daher möglich, daß ein Heizer eine ganze Reihe von Kesseln bedient, und da die Personalfrage bekanntlich im Kesselbetrieb eine große Rolle spielt, so ist dieser Umstand von großer Wichtigkeit. Wenn auch diese Verhältnisse in jedem Fall verschieden sind, so kann man doch damit rechnen, daß mindestens eine Verminderung des Personals um $^1/_3$ bis $1/2$ gegenüber Kohlenfeuerung möglich ist.

Aus den Ergebnissen der Versuche und den daran anschließenden Betrachtungen geht hervor, daß technische Schwierigkeiten bei der Verwendung von Ölfeuerung für Kesselbetriebe auch bei Benutzung des deutschen Teeröles nicht bestehen; die weitere Verbreitung der Feuerung auch für Kesselbetriebe hängt von der Preisstellung des Öles im Verhältnis zur Kohle ab; wenn auch bei dem jetzigen Verhältnis des Kohlenbedarfes und der Ausbeute an Öl eine allgemeine Einführung nicht vorauszusehen ist, so kommt sie wohl aber für besondere Fälle in Betracht, wo z. B. schnelle Regulierung, absolute Rauchlosigkeit gefordert wird oder in Verbindung mit Ofenanlagen für keramische Zwecke; im Lokomotiv- und Schiffsbetrieb werden die Vorteile des kleineren Laderaumes für den Brennstoff, der Vergrößerung des Aktionsradius, der besseren Regulierbarkeit und Forcierung des Feuers, der völligen Rauchlosigkeit, der Schonung des Personales besonders bewertet werden können.

www.ingramcontent.com/pod-product-compliance
Lightning Source LLC
Chambersburg PA
CBHW081431190326
41458CB00020B/6175